Kakteen im Garten

blv

Die besten Arten | Pflege und Winterschutz

HOLGER DOPP

Was Sie in diesem Buch finden

Winterharte Kakteen und Sukkulenten

Kakteen sieht man in unseren Gärten eher selten, verbindet man mit ihnen doch Wüstenklima und aride Gebiete. Aber auch für unsere Breiten gibt es erstaunlich viele wunderschön blühende Arten, die den Winter im Garten problemlos überstehen können.

Einführung

Seit mehr als 50 Jahren beschäftige ich mich nun mit der Zucht und Pflege von Kakteen sowie anderer sukkulenter Pflanzen. Ein faszinierendes Hobby, das immer wieder einmal jede freie Minute erfordert, aber auch in meinem ehemals äußerst stressigen Berufsleben für den notwendigen Ausgleich gesorgt hat.
Meine umfangreichen Kakteensammlungen sind in mehreren Gewächshäusern entsprechend den Temperaturwünschen der Pflanzen untergebracht – sie sollen sich möglichst wohlfühlen. Von der gerade noch frostfreien Überwinterung von *Echinocereus*- und *Lobivia*-Arten bis zur angenehm warmen Überwinterung von beispielsweise *Selenicereus, Epiphyllum* und *Rhipsalis* sind nahezu alle Temperaturbereiche in den Gewächshäusern vertreten. Im Laufe der Jahrzehnte haben sich aber auch immer mehr winterharte Kakteen hinzugesellt, die in großen Freilandbereichen untergebracht sind und für den Laien wie auch für Fachleute zu den erstaunlichsten und widerstandsfähigsten Pflanzen zählen. Und mit diesen »Winterharten« wird sich dieses Buch schwerpunktmäßig befassen. Es soll aus der Perspektive des Praktikers möglichst ausführlich über die Besonderheiten dieser ungewöhnlichen Pflanzen informieren und dazu anregen, sich selbst eine Sammlung winterharter Kakteen aufzubauen.
Der enorme Umfang meiner Sammlung und der Aufbau einer riesigen Fachbibliothek wären niemals möglich gewesen, wenn mich meine Frau in den vergangenen Jahrzehnten nicht immer wieder unterstützt hätte, obwohl sie mitunter nicht damit einverstanden war, dass ich jede freie Minute in dieses dornige Hobby investiert habe. Aber nicht nur deshalb möchte ich mich ganz besonders bei meiner verständnisvollen Frau und meinen Kindern Kerstin, Anke, Karen, Nadine und Volkhard auf das Herzlichste bedanken – es sind oftmals die Kleinigkeiten und die zahllosen Handreichungen und Hilfestellungen gewesen, die immer wieder hilfreich waren und notwendig sind. Dafür bin ich ganz besonders dankbar!

Tief verschneit überwintert diese *Cylindropuntia imbricata*.

Winterharte Kakteen in unseren Breiten?

Aber selbstverständlich! Die Anspruchslosigkeit der meisten winterharten Sukkulenten macht sie auch in unseren Breiten zu beliebten Gartenbewohnern. Oftmals gedeihen sie noch in Gartenbereichen, in denen die anderen üblichen Pflanzen längst aufgegeben haben. In warmen Sommermonaten erreichen die winterharten Sukkulenten dann ihre Höchstform und verzaubern mit ihren wunderschönen Blüten und einer gewissen Exotik. Schmetterlinge, Bienen und Hummeln erfreuen sich an den ungewöhnlichen Nektarspendern. In diesen trockenen Kakteen-Anlagen kann man sogar immer wieder Eidechsen entdecken, sofern ausreichend Versteckmöglichkeiten vorhanden sind. Eine oder auch mehrere bizarre Wurzeln, einige aufgetürmte Steinquader oder eine locker aufgesetzte Trockenmauer bieten Eidechsen und Blindschleichen – so wie in meiner Sammlung – großartige Versteckmöglichkeiten.

Der natürliche Lebensraum

Es ist seit Langem bekannt, dass es in einigen Gebieten Nord- und Südamerikas, die klimatisch recht rau sind und wo oftmals heftige Fröste auftreten können, zahlreiche Kakteen gibt, die auch in unseren Breiten unter gewissen Voraussetzungen als winterhart eingestuft werden können. Obwohl an den Heimatstandorten dieser Pflanzen oftmals extrem niedrige Temperaturen mit sehr geringen Niederschlägen verbunden sind, kennt man in einigen Gebieten wiederum Kakteen-Arten, die sich auch bei kräftigen und anhaltenden Niederschlägen behaupten. Wer in diesen extremen Klimabereichen überleben will, muss sich besonders gut anpassen können!

Cylindropuntia imbricata **bildet an größeren Exemplaren herrliche Blüten.**

Was sind sukkulente Pflanzen?

Pflanzen, die die Fähigkeit besitzen, ausreichend Wasser zu speichern, um in Trockenzeiten davon zehren zu können, bezeichnet man als »sukkulente Pflanzen«. Darüber hinaus unterscheiden wir Stamm-, Blatt- und Wurzelsukkulenten. Der Begriff »sukkulent« leitet sich vom lateinischen Wort »succus« her, was »Saft« bedeutet. Je nach dem grundsätzlichen Bau der Pflanzen können alle drei Grundorgane als Wasserspeicher infrage kommen: die Stammsukkulenz wie bei z. B. *Stapelia*, die Blattsukkulenz wie bei z. B. *Agave, Aloe* und die Wurzelsukkulenz wie bei z. B. *Copiapoa atacamensis*. Selbstverständlich enthalten alle lebenden Organismen wie auch Pflanzen eine gewisse Menge an Flüssigkeit, um überhaupt existieren zu können, aber sukkulente Pflanzen haben im Laufe ihrer Entwicklung regelrechte Wasserspeicher ausgebildet. Normale Pflanzen, wie wir sie kennen, sind auf eine kontinuierliche Wasserzufuhr – z. B. durch Niederschläge – angewiesen, während sukkulente Pflanzen mitunter monatelange Trockenzeiten ohne Niederschläge problemlos überleben können.

Sempervivum-Arten zählen zu den dankbarsten, blühwilligsten Sukkulenten.

Sukkulente Pflanzen

Zu den sukkulenten Pflanzen zählen sämtliche Kakteengewächse (Cactaceae), Dickblattgewächse (Crassulaceae), die Mittagsblumengewächse (Mesembryanthemaceae) und viele andere Gattungen. Im Laufe der Evolution haben sich diese hochsukkulenten Pflanzenformen hervorragend an ihre wasser- und niederschlagsarme Umgebung angepasst. Die wasserspeichernde Funktion wird dabei – je nach Pflanze – von dem oftmals kugeligen, scheiben- oder säulenförmigen Stamm wahrgenommen. Blattsukkulenten wie z. B. *Echeveria* oder auch *Sedum* haben die Fähigkeit, in den mehr oder weniger sukkulenten Blättern Feuchtigkeit zu speichern und im Bedarfsfalle wieder abzurufen.

Welche Funktion haben Dornen?

Die meisten Stammsukkulenten verfügen über ein oftmals sehr beeindruckendes Dornenpolster – sehr formenreich, sehr wehrhaft und manchmal auch sehr farbenprächtig. Diese Dornenpolster haben verschiedene Funktionen: Sie können die Pflanze vor Pflanzenfressern schützen oder auch – wenn die Dornen sehr dicht stehen – als Schutz vor zu intensiver Sonneneinstrahlung dienen und sogar als Kältepuffer bei Hochgebirgspflanzen funktionieren. Zusätzlich zu ihrer Bedornung tragen einige Hochgebirgskakteen eine dichte, wollige Behaarung zum Schutz vor einer allzu starken Tageserwärmung und gleichzeitig zum Schutz gegen die zeitweise heftigen Nachtfröste, die in gebirgigen Regionen nicht selten auftreten können.

Der Trick mit dem Nebel

Die Dornen haben in extrem trockenen Gebieten – wie z. B. in der chilenischen Atacama – noch eine ganz besondere Aufgabe. In diesem extrem trockenen, aber nebelreichen Wüstengebiet nutzen die Kakteen die Dornen zum Kondensieren von Luftfeuchtigkeit, z. B. *Copiapoa atacamensis*. An den Dornen kondensieren die winzigen Nebeltröpfchen zu größeren Tropfen und tropfen von dort auf das trockene, den Kaktus umgebende Substrat. Die dicht unter der Erdoberfläche laufenden Wurzeln nehmen diese Feuchtigkeit gierig auf, und so wird es dann auch verständlich, dass es in der chilenischen Atacamawüste zahlreiche Kakteenvorkommen gibt, obwohl es dort mitunter einige Jahre kaum regnet.

Dornen oder Stacheln?

Die aus den Areolen entspringenden Dornen gehören zu den wichtigsten Merkmalen der Kakteen. Diese Dornen sind meist umgewandelte Blätter oder Blattteile, die im Laufe der Evolution eine völlig andere Funktion übernommen haben. Obwohl häufig fälschlicherweise als »Stacheln« bezeichnet, handelt es sich tatsächlich aus botanischer Sicht um »Dornen«, denn im eigentlichen Sinne sind es Pflanzenteile, die von einem eigenen Leitbündel versorgt werden. Während die meisten Kakteen mehr oder weniger zahlreiche Dornen zeigen, besitzen einige wenige Kakteen nur noch als Sämlinge Dornen, wie z. B. *Lophophora* und *Ariocarpus*.

Echinocereen sind meist pflegeleicht und bilden herrliche Gruppen.

Biologie der winterharten Kakteen

Dass Kakteen, als Vertreter der großen Gruppe der sukkulenten Pflanzen, über eine sehr ausgeprägte Fähigkeit, Wasser zu speichern, verfügen, wurde eingangs bereits beschrieben. Eine Eigenschaft, die sich im Laufe der Evolution entwickelt hat und die es Kakteen und anderen sukkulenten Pflanzen gestattet, Extremstandorte mit ungewöhnlich langen, niederschlagsarmen Trockenperioden erfolgreich zu besiedeln. Winterharte Kakteen müssen Trockenheit und mitunter immer wieder lange und heftige Frostperioden überstehen.

In der Ruhephase schrumpfen winterharte Opuntien oftmals sehr stark.

Auch in ihrem Wuchsverhalten haben sich Kakteen an diese trockenen und frostigen Gebiete angepasst. Nicht nur der meist niedrige und gestauchte Wuchs ist typisch für diese Pflanzen, sondern auch die bei einigen Arten besonders ausgeprägte Eigenschaft, sich zu Beginn der frostigen Jahreszeit flach auf den Boden zu legen, wie man z. B. bei *Opuntia humifusa* sehen kann.

Überlebensstrategien

Je nach Art und Standort können Kakteen bis zu 95 % ihres Gewichtes an Wasser aufnehmen und auch speichern, eine wichtige Überlebensstrategie für die Pflanzen an heißen und trockenen Standorten. Kakteen, die jedoch in Gebieten wachsen und in der kalten Jahreszeit zeitweise heftigen Frösten ausgesetzt sind, können nur überleben, wenn sie nicht zu viel Wasser aufnehmen. Aus diesem Grund reduzieren winterharte Kakteen zu Beginn der frostigen Jahreszeit die gespeicherte Wassermenge, indem sie keine Feuchtigkeit mehr aufnehmen. Dadurch erreichen sie ein wichtiges Ziel: Wenn es kalt wird und die Kakteen hart durchfrieren, kann der bei Frost einsetzende Ausdehnungseffekt des Wassers die Zellwände nicht zum Aufreißen bringen. Aufgrund der Feuchtigkeitsreduzierung in den Zellen ist der Gefrierpunkt des darin verbliebenen schleimigen und stark verdickten Feuchtigkeitsrestes beträchtlich herabgesetzt – mit dem Ergebnis, dass die Pflanzen deutlich sichtbare Schrumpfungstendenzen zeigen.

Physiologische Grundlagen

Weshalb und wieso können sich winterharte Kakteen auf diese Umstände einstellen? Durch das Sonnenlicht wird die CO_2-Aufnahme so gefördert, dass eine gewisse Menge an Zucker und damit speicherbare Energie entsteht, die in Form lebenswichtiger Stärke eingelagert wird. Mit dem Einsetzen winterlicher Temperaturen wird diese Umwandlung in Stärke weitgehend gestoppt, und so konzentriert sich die Flüssigkeit in den Zellen – die Widerstandsfähigkeit gegen niedrige Temperaturen erhöht sich auf diese Weise deutlich.

In dieser Situation schmiegen sich viele der sogenannten winterharten Kakteen flach an den Boden, denn so kann der Schnee sie rasch bedecken und die Triebe wirkungsvoll gegen die frostigen Temperaturen und eisigen Winterstürme schützen.

Schnee als Schutz vor Frost

Trotz seiner Kälte schützt der Schnee viele winterharte Kakteen und auch die anderen frostharten Sukkulenten vor dem Erfrieren. Problematisch kann es in unseren Klimazonen immer dann werden, wenn sich in der kalten Jahreszeit Schnee, Sonne und regnerische Niederschläge mit heftigen Frösten abwechseln, die ungehindert auf etwas empfindliche Pflanzen einwirken.

Anpassungen der Blüten

Die Größe und Farbenvielfalt der Kakteenblüten hat schon immer fasziniert. Doch sollte man es nicht bei einer oberflächlichen Bewunderung der Blüten bewenden lassen, sondern sich einmal etwas gründlicher mit dem inneren und äußeren Bau der zarten Gebilde befassen. Bei Kakteenblüten handelt es sich ursprünglich um umgebildete, der generativen Vermehrung dienende Sprosse. Bei Kakteen offenbart sich diese Tatsache recht lückenlos, wenn man Blüten und Früchte miteinander vergleicht. Die oftmals an Blüten und Früchten vorhandenen Areolen lassen größtenteils auch eine mehr oder weniger starke Bedornung oder Behaarung erkennen. Noch klarer wird die offensichtlich vorhandene Sprossnatur der Blüten, wenn es unter gewissen Voraussetzungen innerhalb der Blüten- und Früchteregion zur Neubildung von Sprossen bzw. auch von Blüten kommen kann. Man bezeichnet dieses Phänomen, das auch

Einige winterharte Opuntien verbringen die frostige Zeit flach auf der Erde liegend und richten sich erst in den späten Frühjahrsmonaten wieder auf und bilden dann Triebe und Knospen.

bei winterharten Opuntien beobachtet wurde, als Proliferation.

Vielgestaltige Früchte

Die Früchte der winterharten Kakteen sind ebenso vielgestaltig wie die Samen. *Escobaria*-Arten bilden beerenartige grünlich-gelbe oder auch rote Früchte, während Opuntien meist längliche und nach unten deutlich verjüngte, oftmals birnenförmige, rote oder auch rotbraune Früchte ausbilden. Diese reifen nach der frühsommerlichen Blütezeit und fallen in den Wintermonaten oftmals ab.

Während einige Kakteen – z. B. *Pterocactus, Ariocarpus, Lophophora, Peniocereus* usw. – kräftige, mehr oder weniger ausgeprägte Rübenwurzeln bilden, die als Wasserspeicher dienen, verfügen die meisten Kakteen über ein mehr oder weniger flaches, dicht unter der Erdoberfläche verlaufendes Wurzelsystem wie bei den Gattungen *Mammillaria, Parodia, Astrophytum*. Es handelt sich um sogenannte Flachwurzler. Und dann haben wir noch die meist epiphytisch wachsenden Kakteen wie *Selenicereus, Hylocereus* oder *Rhipsalis*, die sogenannte Adventivwurzeln bilden, sobald der Pflanzenkörper das Substrat oder die Rinde berührt.

Auf Schnee und Eis haben sich winterharte Opuntien prächtig eingestellt.

Nach der sommerlichen Blüte bilden Opuntien oftmals auffallende Früchte.

Sammlungen und öffentliche Kakteengärten

In den vergangenen Jahrzehnten wurden zahlreiche hochinteressante Sammlungen mit winterharten Kakteen aufgebaut und von Spezialisten in dem entsprechenden Fachbereich auch liebevoll gepflegt. Die Botanischen Gärten haben dieses ungewöhnliche Thema aufgegriffen und auf geeigneten Flächen winterharte Kakteen und andere frostharte Sukkulenten zu sehr sehenswerten Steingarten- bzw. Kakteen-Anlagen gestaltet. Aber es muss auch entsprechend ausgebildetes Personal vorhanden sein, um sich fachgerecht dieser speziellen botanischen Thematik widmen zu können. Der erfahrene Kenner von winterharten Kakteen sieht deshalb im Rahmen einer Besichtigung sofort, ob eine Sammlung fachmännisch und liebevoll zusammengestellt wurde, oder nur am Rande von irgendeinem Gärtner mit betreut wird.

Der Kakteengarten in Horb am Neckar zeigt ausschließlich winterharte Kakteen und andere frostharte Sukkulenten, die dort in idealer und vollsonniger Lage prächtig gedeihen.

In eigener Sache

Ich selbst biete meine eigene Kakteen-Sammlung mit mehreren Gewächshäusern, Frühbeeten und einem größeren Freilandbereich mit winterharten Sukkulenten nach Voranmeldung zur Besichtigung an. Darüber hinaus ist in der Stadt Horb – der Stadt mit der schönsten Stadtkulisse in Baden-Württemberg – ein etwa 200 m² großer Garten ausschließlich mit winterharten Kakteen zu besichtigen, der ebenfalls von mir angelegt wurde und von mir betreut wird. Für beide Besichtigungen ist aber unbedingt eine rechtzeitige und verbindliche Anmeldung notwendig, damit man nicht vor verschlossenen Türen steht.

Vor einer Natursteinmauer wurde eine sehenswerte Kakteenlandschaft aufgebaut.

Privatsammlungen

Einige Spezialisten unter den Kakteensammlern haben sehr beachtenswerte Privatsammlungen mit winterharten Kakteen aufgebaut, diese stellen aber leider nur wenige für Besichtigungen zur Verfügung. Und jene, die sich einer Besichtigung nicht verweigern, wollen zunächst wissen, wer wirklich Interesse hat und wie viele Personen zu erwarten sind. In einem aktuellen, 766 Seiten starken Gartenreiseführer, der im März 2011 erschienen ist, sind etwa 1500 Gärten und Parks in Deutschland aufgeführt, doch nur sehr wenige von ihnen haben sich auf Kakteen bzw. auf winterharte Kakteen spezialisiert. Herausgeber des Gartenreiseführers ist die Deutsche Gesellschaft für Gartenkunst und Landschaftskultur e.V.

Der Kakteengarten in Horb am Neckar

Der Kakteengarten in Horb am Neckar ist nicht nur wegen der zugrunde liegenden Idee, sondern auch durch seine ungewöhnliche Lage etwas ganz Besonderes! Meine Idee wurde vom damaligen Oberbürgermeister der Stadt sofort aufgegriffen und für gut befunden, sodass man rasch und zügig mit der Realisierung begann. Von Anfang an stand fest, dass dieser Kakteengarten auch Bestandteil der geplanten Gartenschau 2011 sein sollte. Der etwa 200 m² große Garten liegt an einem unverbaubaren Südhang vor einer rustikalen, jahrhundertealten dicken Steinmauer, welche die sommerliche Wärme lange speichern und wieder an die Umgebung abgeben kann. Auch die Wintersonne kann in diesen dicken

MEIN RAT

Auch nach der im Herbst 2011 endenden Gartenschau in Horb am Neckar bleibt der Kakteengarten weiterhin als Besonderheit bestehen. Adressen weiterer erfolgreicher Sammlungen von winterharten Kakteen in Privatbesitz kann ich auf Anfrage gerne nennen.

Steinen wirken, außerdem ist es im Neckartal bei Horb in den Wintermonaten nicht ganz so kalt wie auf den Schwarzwaldhöhen.
Obwohl die im Horber Kakteengarten ausgepflanzten winterharten Kakteen und die anderen frostharten Sukkulenten erst zwei Winter überstanden haben, kann schon jetzt von einem großartigen Erfolg gesprochen werden – die Entwicklung der Pflanzen, das Wachstum und ihre Blühfreude sind ausgezeichnet.

Botanische Gärten und öffentliche Anlagen

Das Angebot von Universitätssammlungen und botanischen Gärten ist sehr differenziert zu betrachten. Während einige Universitäten recht sehenswerte Sammlungen von winterharten Kakteen aufgebaut haben, zeigen andere in diesem speziellen Segment gar nichts. Als Beispiel für eine sehenswerte Anlage mit winterharten Kakteen und anderen frostharten Sukkulenten ist der Botanische Garten der Universität Tübingen zu nennen. Unter anderem kann man dort auch ein wunderschönes, nach wissenschaftlichen Kriterien angelegtes Alpinum besichtigen.

Auch Stadtgärten können für Kakteenfreunde etwas bieten. So zeigt der Stadtgarten Überlingen am Bodensee eine hübsch gestaltete Sukkulentensammlung, die mittlerweile eine beachtliche Größe erreicht hat. Doch trotz des milden Bodenseeklimas werden die dort gezeigten Kakteen bzw. die sukkulenten Pflanzen vor Frostbeginn in Sicherheit gebracht und frostfrei überwintert, erst im Frühjahr sind sie im Freiland wieder erneut zu besichtigen.

In leichter Südhanglage gedeihen winterharte Kakteen besonders gut.

Kakteen im Garten

Der Garten bietet zahlreiche Möglichkeiten für die Anlage eines attraktiven Kakteengartens. Die Vorteile liegen auf der Hand: Herrliche Blüten, wenig Pflege und selbst an heißen Sommertagen muss nicht gegossen werden.

Die Kultur winterharter Kakteen

Die Herkunftsgebiete der winterharten Kakteen liegen überwiegend in den Gebirgsregionen Nordamerikas. Dort wachsen sie zwischen genügsamen Stauden und Gehölzen sowie im halbariden Grasland. Hitze und Trockenheit, Frost und schneereiche Winter sowie jahreszeitlich bedingte Temperaturunterschiede von mehr als 60 °C sind dort absolut normal. Pflanzen, die hier überleben wollen, müssen sich entsprechend anpassen können.

Schattenfrei und etwas geschützt – ein idealer Standort für winterharte Kakteen

Die Voraussetzungen

Wenn man winterharte Kakteen und andere frostresistente Sukkulenten erfolgreich im Freien kultivieren möchte, sind zwangsläufig gewisse Voraussetzungen zu erfüllen, um nicht Enttäuschungen und Fehlschläge zu erleben. Eine wesentliche Voraussetzung ist dabei die geografische Lage des geplanten Steingartens, die nicht beeinflusst werden kann, da der Garten nun einmal die Lage hat, die er hat. Aber man kann sich bemühen, das Beste aus den Gegebenheiten zu machen und durch bewusste Planung mit genauer Überlegung eine zufriedenstellende Lösung zu finden – man muss vor allem an die Zukunft des Gartens denken. Wie entwickeln sich Bäume und Gehölze in der Umgebung? Werden in der Nachbarschaft evtl. weitere Schatten werfende Gebäude oder Bäume gepflanzt? Hat das Grundstück eine unverbaubare Südlage? Wie ist der Untergrund beschaffen? Haben kleinere Kinder Zutritt zu dem geplanten Kakteengarten? Was sagen die Mitbewohner, wenn man einen solchen Kakteengarten anlegt? So lauten nur einige der vielen relevanten Fragen, die bei den Planungen und Überlegungen mit einbezogen werden sollten.

Pflegefehler und Verluste

Wenn winterharte Kakteen in unseren Sammlungen nicht überleben, sind es entweder verweichlichte, überdüngte oder falsche, also nicht winterharte Pflanzen, oftmals aber auch Exem-

plare, die in Gewächshäusern und nicht im Freiland gezüchtet wurden. Solche Pflanzen haben einen Teil ihrer einstigen Winterhärte verloren und müssen deshalb erst wieder an die Fröste und die Temperaturunterschiede im Freien gewöhnt werden.
Aber auch gravierende Kulturfehler können zum Verlust von Pflanzen führen. Vermeidbare Kulturfehler, die auf einen falschen Standort, auf falsches Substrat, auf unzureichende Dränage oder auf ein insgesamt ungünstiges Mikroklima schließen lassen, können und müssen unverzüglich behoben werden.

Hoffentlich gut beraten

Auch falsche Beratung kann zu einer kleinen »Pflanzenkatastrophe« führen. Bei der Planung eines Gartens für winterharte Kakteen wurde beispielsweise eine Wurzelschutzfolie gegen Wurzelunkräuter empfohlen. Diese Wurzelschutzfolie wurde auf den lehmigen Mutterboden gelegt und darauf eine weitere Schicht dieses Mutterbodens in Höhe von etwa 20 cm und darüber noch etwa 5 cm mineralisches Substrat gepackt. Bereits nach dem ersten Winter begann sich die geschlitzte Wurzelschutzfolie durch die regenbedingten Lehmauswaschungen zuzusetzen, und im zweiten Winter litten die Kakteen so sehr unter der permanenten Nässe, dass sie eimerweise entsorgt werden mussten.

Wachstumsfaktoren

Besonders entscheidend für die erfolgreiche Kultur von winterharten Kakteen und anderen frostresistenten Sukkulenten sind die Wachstumsfaktoren Licht und Wärme, auch geringe Niederschlagsmengen in den Wintermonaten dienen der Sache. Um diese optimalen Bedingungen zu schaffen, errichtet man Steingärten

Das regionale Klima

In niederschlagsarmen Gegenden mit hohen Sommertemperaturen können natürlich wesentlich mehr Arten kultiviert werden als in kühleren Gebieten mit regenreicheren Herbst-, Winter- und Frühjahrsmonaten. In feuchteren Küsten- oder auch in Mittelgebirgslagen sollte man für die empfindlicheren winterharten Kakteen einen speziellen Regenschutz schaffen, damit auch dort eine erfolgreiche Freilandkultur möglich ist.

Zwischen Wärme speichernden Findlingen und in durchlässigem Substrat gedeihen winterharte Kakteen ausgezeichnet. Diese *Opuntia fragilis* fühlt sich dort ausgesprochen wohl.

oder Anlagen für winterharte Kakteen und andere frostharte Sukkulenten an Gebäuden, die etwas Regenschutz bieten. Ideal sind wärmespendende Mauern oder Gewächshausseiten, die eine schattenfreie, nach Süden oder Südwesten ausgerichtete Lage aufweisen und damit ungehindert der Sonneneinstrahlung ausgesetzt sind. Wenn darüber hinaus die Anlage noch eine mehr oder weniger leichte Südhanglage aufweist, sind bereits wesentliche Voraussetzungen für die erfolgreiche Kultur von winterharten Kakteen erfüllt.

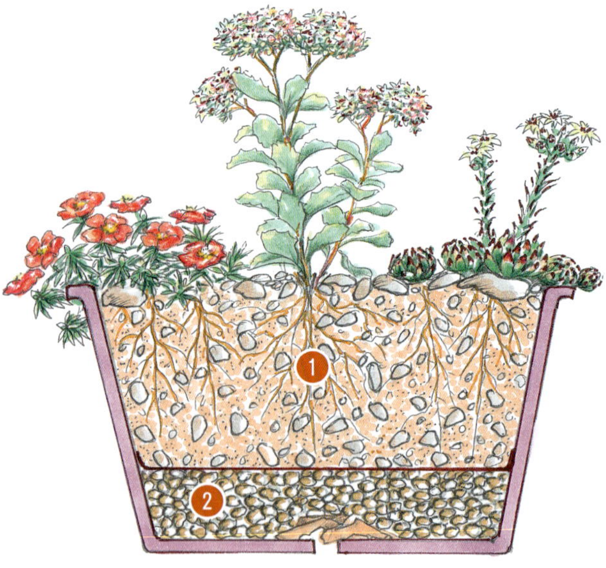

Balkonkasten mit Freilandsukkulenten. Die Pflanzen wurzeln in einem durchlässigen Substrat ①. Eine Dränage ② im untersten Drittel des Kastens verhindert Staunässe; überschüssiges Wasser fließt durch mit Scherben abgedeckte Löcher ab. Dieses Pflanzschema lässt sich auch auf andere Behälter (Kübel, Schalen, Tröge usw.) übertragen.

Balkon und Kalthaus

Selbstverständlich lassen sich winterharte Kakteen und andere frostresistente Sukkulenten auch in Schalen, Balkonkästen, Trögen, Fässern und Kübeln erfolgreich kultivieren. Ich kenne eine hübsche Sammlung winterharter Sukkulenten, die in einigen Dutzend waagerecht aufgeschnittenen Autoreifen untergebracht ist und bestens gedeiht.
Auch unbeheizte und gut zu belüftende Frühbeete oder Gewächshäuser ohne jede Heizung eignen sich prächtig für eine schöne Sammlung, die in einer Gegend mit besonders rauer Witterung entstehen soll. Man denke auch an Tuffsteine, die sich so herrlich bepflanzen lassen, oder an Mauern oder Mauerkronen.

Dachbegrünung

In den letzten Jahren werden in zunehmendem Maße winterharte Kakteen und andere frostresistente Sukkulenten zur extensiven Dachbegrünung überaus erfolgreich eingesetzt. Mit etwas Überlegung lassen sich somit ausgezeichnete und vor allem sehr dauerhafte Dachpflanzungen gestalten. Wichtige Voraussetzung ist eine statisch ausreichende Dachkonstruktion mit entsprechenden Unterbauten und Wurzelschutzmaterialien.
Gut geplante extensive Dachbegrünungen für Garagen, Überdachungen, Flachdächer oder auch für Dächer mit leichter Neigung benötigen einerseits kaum Pflege, sind aber andererseits überaus sehenswerte und eine interessante Möglichkeit, um dem Zubetonieren der Landschaften ein wenig entgegenzuwirken.

Extremstandorte

Mit winterharten Kakteen lassen sich auch jene Lagen sehr reizvoll begrünen, die sich aufgrund ihrer trockenen und heißen Beschaffenheit nicht als Standort für übliche Pflanzen eignen. Selbstverständlich muss dann aber auch berücksichtigt werden, dass die angedachte Lage auch in den Wintermonaten und bei niedrigem Sonnenstand ausreichend Licht erhalten muss.

MEIN RAT

Jede Pflanzung mit winterharten sukkulenten Pflanzen muss genau geplant und durchdacht werden, wenn sich ein dauerhafter Erfolg einstellen soll. Als Pflanzgefäße sollten nicht irgendwelche verwendet werden, sondern man muss darauf achten, dass garantiert frostfeste Materialien zum Einsatz kommen. Oftmals halten Tonschalen oder Tonkästen bereits den ersten Winter nicht aus. Auch sollten Abzugslöcher vorhanden sein.

Die richtigen Pflanzgefäße

Nachdem man die Abzugslöcher des vorgesehenen Pflanzgefäßes mit zerschlagenen Tonscherben bedeckt hat, wird eine etwa 2–3 cm dicke Dränageschicht aus ebenfalls zerschlagenen Tonscherben, aus Schotter oder aus groben mineralischen Bestandteilen eingefüllt. Als geeignetes Pflanzsubstrat verwendet man für Töpfe, Schalen oder Kästen eine Mischung, die zu gleichen Teilen bestehen sollte aus: handelsüblicher Kakteenerde, Bims-, Lava- oder Granitgrus, mittelfeinem Basaltsplitt, zerstoßenen Blähtonkugeln, einem mittelfeinen Sand-Kies-Gemisch, Seramis und Gartenerde. So erhalten Sie ein überwiegend mineralisches und gut durchlässiges Substrat für winterharte Kakteen.

Begleitpflanzen im Gefäß

Der Bepflanzung von Kübeln und Töpfen aller Art sind keinerlei Grenzen gesetzt, aber man sollte doch unbedingt berücksichtigen, dass einige Arten der winterharten Sukkulenten ein erstaunliches Wachstum entwickeln können. Man wird deshalb stärker wachsende *Sedum-*, *Sempervivum-* und *Opuntia*-Arten nach einigen Jahren etwas stutzen oder teilen müssen.

In einem Steingarten mit winterharten Kakteen lassen sich Ideen verwirklichen.

Der richtige Platz im Garten

Wie bereits erwähnt, eignen sich vor allem vollsonnige Standorte im Schutz einer Wand für die Anlage eines Kakteenbeetes. Aber es gibt auch andere Möglichkeiten, diese interessanten Pflanzen in den Garten zu integrieren.

Kakteen im Steingarten

Eine Steingarten-Anlage für winterharte Kakteen sollte optisch gut gestaltet und funktionell geplant sein. Die gestalterischen Möglichkeiten im Rahmen einer erfolgreichen Kultur von winterharten sukkulenten Pflanzen lassen sich aber nur dann wirkungsvoll ausschöpfen, wenn man einen Steingarten optimal aufbauen und großzügig anlegen kann. Selbstverständlich kann eine flache, beetartige Anlage ebenso interessant gestaltet werden wie ein Steingarten, der durch eine gezielte Aufschüttung eine bestimmte Hangneigung erhalten kann.

Nässeempfindliche Arten können unter dem Schutz eines vorgezogenen Daches kultiviert werden.

Der richtige Ort

Die ideale Situation in einem Steingarten wäre eine nach Süden oder auch Südwesten ausgerichtete Hangneigung, da diese durch die günstigere Sonneneinstrahlung erhebliche Vorteile gegenüber einem völlig ebenen Steingarten aufweist. Und wenn dann noch ein gewisser Windschutz durch eine Haus- oder Gartenmauer gewährleistet ist, sind auch weitere wichtige Voraussetzungen erfüllt. Durch die unmittelbare Nähe zu einer Mauer entsteht ein gewisser Wärmestaueffekt, der den sukkulenten Pflanzen ebenso zugute kommt wie die nächtliche Wärmeabstrahlung, der in die Pflanzung integrierten Steine. Viele winterharte Sukkulenten wachsen bevorzugt zwischen Steinen. Der Grund hierfür ist überwiegend klimatischer Natur, denn während sich die Oberseite der Steine bei Sonneneinstrahlung aufwärmt und nachts in die Umgebung abstrahlt, bleibt die Unterseite der Steine kühler und auch ein wenig feuchter. In gewisser Weise dienen diese in den Kakteen-Anlagen platzierten Findlinge als Temperatur- und Feuchtigkeitsregulatoren. Darüber hinaus versorgen Steine die in ihrer unmittelbaren Nachbarschaft wachsenden Pflanzen mit Mineralstoffen, die durch Witterungseinflüsse wie Regen, Frost, Wind oder Verwitterung in begrenztem Rahmen verfügbar werden.

MEIN RAT

Je nach Beschaffenheit des Untergrundes muss eine gute und wirkungsvolle Dränage aus zerschlagenen Tonscherben, grobem Schotter, Kies oder auch Schlacke in einer Dicke von mindestens 10 cm aufgebaut werden, damit eine gute Entwässerung für eine geringere Bodenfeuchte sorgt. Man kann auch zusätzlich zerbrochene Styroporstücke in die Dränage einbauen.

Sonnenanbeter

Winterharte Kakteen stellen besonders hohe Anforderungen an die Temperaturen und an die Lichtintensität, deshalb ist eine größtmögliche Ausnutzung des Sonnenlichtes unerlässlich. Optimale Werte ergeben sich allerdings erst, wenn das Sonnenlicht nahezu senkrecht auf den Boden auftrifft. Um dies zu gewährleisten, müsste die angestrebte Südhanglage so steil sein, dass die Gefahr einer Abschwemmung des Erdreichs bei allzu starken Niederschlägen zunimmt. Eine Anlage für winterharte Kakteen mit einer Hangneigung zwischen 20 und 30 Grad ist jedoch völlig ausreichend, um noch für eine sehr gute Sonneneinstrahlung zu sorgen. Aber auch gut platzierte, völlig ebene Kakteengärten können sich ausgezeichnet entwickeln, wenn alle wesentlichen Parameter stimmen.

Steine für das Mikroklima

Zur positiven Beeinflussung des Mikroklimas werden größere Findlinge, Lavabrocken oder auch dekorative Kalksandsteine mit Auswaschungen eingesetzt. Diese Steine heizen sich bei Sonneneinstrahlung tagsüber auf und geben die gespeicherte Wärme nachts wieder an die unmittelbare Umgebung ab. Gleichzeitig erfüllen sie nicht nur eine hangstützende und gestalterische Funktion, sondern tragen auch zur optischen Gliederung in erheblichem Umfange bei. Der Fantasie sind bei einer entsprechenden Steingarten- oder Kakteen-Anlage keinerlei Grenzen gesetzt. Auch eine größere, dekorativ in die Anlage integrierte Wurzel kann hervorragend aussehen.

Auf Unkraut achten

Im Zuge der vorbereitenden Maßnahmen ist unbedingt darauf zu achten, dass der künftige Kakteen-Steingarten völlig unkrautfrei ist, denn jedes unentdeckte kleine Teilstück eines Wurzelunkrautes – wie zum Beispiel der Ackerwinde oder Quecke – schlägt mit Sicherheit wieder aus und kann schon in kurzer Zeit die Freude an winterharten Kakteen erheblich reduzieren. Auch zu starker herbstlicher Laubfall führt dazu, dass die winterharten Kakteen nicht ausreichend abtrocknen können.

Ob im Steingarten oder zur Dachbegrünung, winterharte Kakteen eignen sich ideal.

Trockenmauer und Sukkulentenhügel

Winterharte Kakteen auf einem Trockenmauerwall oder auf einem Sukkulentenhügel sind interessante Alternativen, wenn aus verschiedenen Gründen keine Südhanglage möglich ist. Ein Trockenmauerwall kann um eine sonnige Terrasse herum führen oder zur Abtrennung eines bestimmten Grundstückbereiches dienen. Länge, Höhe und Breite ergeben sich aus der zur Verfügung stehenden Fläche.
Welche Steine man für einen Trockenmauerwall verwenden möchte, bleibt jedem selbst überlassen. Die Steinbrüche der Umgebung bieten ebenso Anregungen wie gut sortierte Baumärkte oder auch Gartencenter.

Dränage

Ähnlich wie die Dränage bei einer Südhanglage muss auch im Inneren dieses Trockenmauerwalls eine Dränage für ausreichende Entwässerung sorgen. Da die Zwischenräume der Steine des Trockenmauerwalls mit Erde ausgefüllt werden, bestehen ausreichend Möglichkeiten, in den entstandenen Fugen eine sehr vielgestaltige Bepflanzung vorzunehmen: ideal geeignet für viele *Sedum-*, *Sempervivum-* und *Delosperma*-Arten. Die Krone des Trockenmauerwalles ist dagegen ein idealer Bereich für *Opuntia, Echinocereus, Escobaria* und *Agave*.

Ein mit Natursteinen gestützter Sukkulentenwall lässt sich ausgezeichnet bepflanzen. Grober Schotter als Dränage und durchlässiges Substrat reichen völlig aus.

MEIN RAT

Auch in eine größere Terrasse lässt sich ein von allen Seiten einsehbares Steingarten-Beet mit winterharten sukkulenten Pflanzen integrieren, das bei entsprechender Gestaltung ausgezeichnet in den äußeren Wohnbereich im Freien einbezogen werden kann.

Frühbeet und Kalthaus

Das Frühbeet oder ein unbeheiztes Kalthaus ist für die empfindlicheren Arten unter den winterharten Kakteen durchaus eine ausgezeichnete Alternative. In extrem niederschlagsreichen oder auch besonders frostigen Gebieten lassen sich auf diese Weise winterharte Kakteen erfolgreich kultivieren, wenn eine Pflanzung im Freien zu riskant ist.
Zwar kann man ein stabiles Frühbeet selbst aus Holz, Steinen oder Betonfertigteilen herstellen, doch steht der Aufwand in keinem Verhältnis

zum Nutzen. Ich empfehle aufgrund eigener guter Erfahrungen handelsübliche Frühbeete mit Aluminiumrahmen sowie gut isolierende Stegdoppelplatten, die es in verschiedenen Stärken gibt. Bei der eigentlichen Aluminiumkonstruktion sollte man auf die Qualität achten, damit sich der Rahmen nicht gleich im ersten Jahr verzieht, besonders bei einem Frühbeet zahlt sich Stabilität aus.
Wichtig ist auch, dass man ein Frühbeet gut im Boden verankert, damit es sich bei Winterstürmen nicht selbstständig macht. Man kann ein gutes Frühbeet auch auf ein Betonfundament setzen oder es sicherheitshalber auf Betonplatten festschrauben – für alle Fälle.

Stabilität ist wichtig

Gleiches gilt für ein Kalthaus, das, obwohl unbeheizt, ebenfalls eine gewisse Stabilität haben sollte, um den Winterstürmen zu trotzen. Die Stegdoppelplatten müssen sehr gut und sicher befestigt sein, damit sie nicht vom Sturm herausgerissen werden können. Bei einigen Billigkonstruktionen sind die Befestigungen für die Stegdoppelplatten ein absoluter Schwachpunkt. Aufgrund der größeren Angriffsfläche für Wind muss man ein Kalthaus sehr gut auf einem Betonfundament verankern. Eine zu geringe oder unzureichende Befestigung kann dazu führen, dass man nach einem Sturm die Einzelteile des Gewächshauses in der Umgebung zusammensuchen muss.

Vielfältige Nutzung

Sowohl in einem Frühbeet als auch in einem unbeheizten Kalthaus kann man seine winterharten Kakteen in Töpfen oder auch frei ausgepflanzt kultivieren. Welche Möglichkeit gewählt wird, muss jeder Kakteenfreund für sich selbst entscheiden.
Wer die Frühbeet- oder Kalthauskultur von winterharten Kakteen jedoch nur als ideale Ergänzung sieht, um auch empfindlichere frostharte Kakteen ergänzend zur ungeschützten Freilandanlage zu kultivieren, der kann auf ein erheblich größeres Pflanzenprogramm zurückgreifen, als es im Freiland – zumindest in unseren Breiten – möglich ist.
Die Temperaturen in einem Frühbeet oder in einem unbeheizten Kalthaus entsprechen in den Wintermonaten im Wesentlichen denen einer Freilandkultur, sofern die Lüftung stets möglich und gut geregelt ist. Somit sind jene winterharten Kakteen oder auch die besonders empfindlichen sukkulenten Begleitpflanzen optimal gegen Niederschläge geschützt, denn gerade bei den empfindlicheren Kakteen führt zu

Deutlich artenreicher kann eine Sammlung in einem gut gelüfteten Kalthaus sein.

viel Feuchtigkeit in den Wintermonaten in Verbindung mit zu viel Kälte häufig zum Verlust der ganzen Pflanze.
Einige Kakteenfreunde nutzen ein Frühbeet lediglich für Erfolg versprechende Bewurzelungsmaßnahmen von *Opuntia*-Stecklingen oder für Aussaaten und sonstige Vermehrungsmöglichkeiten von Kakteen.

Kakteen für die Dachbegrünung

Eine Dachbegrünung mit winterharten Kakteen drängt sich geradezu auf. Ein Steingarten auf dem Dach ist doch eine großartige Idee. Man unterscheidet dabei zwei verschiedene Formen der Dachbegrünung: die intensive und die extensive. Während die intensive Dachbegrünung überwiegend aus höheren Pflanzen wie Stauden, Büschen, Gehölzen und flach wurzelnden Bäumen besteht, wählt man für die sogenannte extensive Dachbegrünung sehr widerstandsfähige Pflanzen wie beispielsweise niedrige Stauden, Magerrasen, Wildkräuter und vor allem natürlich winterharte Kakteen und andere frostharte sukkulente Pflanzen.

Wichtig bei einer Dachbegrünung ist der passende Substrataufbau. Über einer Bitumenpappe oder einem wurzelabweisenden und isolierenden Anstrich folgt zuerst eine ca. 5 cm starke Drainageschicht, danach eine Filtermatte und erst dann als oberste Schicht mit etwa 10–20 cm Dicke das Substrat.

Die extensive Begrünung

Ob das Flachdach eines Hauses, eines Bungalows oder einer Garage für eine dauerhafte extensive Dachbegrünung geeignet ist, sollte unbedingt vorher durch einen erfahrenen Architekten bzw. durch einen Statiker abgeklärt werden, da der Aufbau für eine extensive Dachbegrünung und die damit verbundene permanente Feuchtigkeitsspeicherung bzw. Feuchtigkeitsregulierung zu erheblichen Problemen durch die Gewichtsbelastung führen kann. Selbstverständlich kann auch eine leichte, bis zu 15%ige Dachschräge durchaus geeignet sein, sofern die Dachneigung nach Süden oder Südwesten weist und nicht zu steil ist, da sonst eventuell das Substrat abrutschen könnte.

Wurzelschutzfolien

Unerlässlich sind die absolut sichere Isolierung des Daches, eine optimale Wurzelschutzfolie sowie eine gute, etwa 4–5 cm starke Dränageschicht. Am besten besprechen Sie Ihr Vorhaben mit einem Architekten oder einem erfahrenen Dachdecker, der auf entsprechende Dachbegrünungssysteme zurückgreifen kann und schon Erfahrungen mit extensiven Dachbegrünungen machen konnte.
Nach sorgfältiger Isolierung und Vorbereitung wird die Wurzelschutzfolie verlegt, auf die man eine etwa 4–5 cm starke Dränageschicht füllt,

MEIN RAT

Eine extensive Dachbegrünung, die gut geplant und sorgfältig ausgeführt wurde, kann Jahrzehnte überdauern und Freude bereiten. Eine eilig zusammengeschusterte, fehlgeplante Dachbegrünung macht sehr rasch Reparaturen notwendig, die »ein Fass ohne Boden« werden können und nur Ärger bereiten.

Unkraut auf dem Dach?

Leider können sich auch auf Garagendächern durch Samenflug diverse hartnäckige Unkräuter ansiedeln – wir kennen das Problem bereits aus dem Kakteen-Steingarten. Deshalb sollte man gelegentlich einmal nachsehen, ob sich dort oben in luftiger Höhe eventuell Pflanzen angesiedelt haben, die nicht erwünscht sind.

die wiederum mit einer speziellen, gut durchlässigen Filtermatte bedeckt wird. Nun füllt man den vorbereiteten Kulturboden in einer Schicht von etwa 8–12 cm auf. Die Zusammensetzung sollte etwa die gleiche sein wie für die Anlage einer Kakteen-Anlage im Steingarten. Falls man jedoch für die extensive Dachbegrünung auf winterharte Kakteen verzichten und nur andere frostharte sukkulente Pflanzen verwenden möchte – wie z. B. *Sempervivum, Sedum* oder *Delosperma* –, kann man die Substratmischung mit einem leicht höheren Lehmanteil herstellen.

Pflegeaufwand

Eine gut ausgeführte extensive Dachbegrünung benötigt im Allgemeinen nur geringe Pflegemaßnahmen. Natürlich ist die Auswahl der Pflanzen wichtig! Sie dürfen nicht zu hoch werden und sie müssen extreme Hitze, Trockenheit und Frost aushalten können. In den ersten Wochen nach der Pflanzung sollten die jungen Pflänzchen noch wöchentlich gegossen werden, falls es über eine längere Zeit nicht regnen sollte. Später gießt man nur noch, falls es wochenlang nicht regnet und die Sonne erbarmungslos auf die Dachfläche brennt, damit die Verbrennungsschäden im Rahmen bleiben. Und je dichter sich der Pflanzenteppich ausbreitet, umso widerstandsfähiger und robuster ist eine solche Pflanzung.
Wenn dann alle Pflanzen gut angewachsen sind und sich ein grüner Teppich gebildet hat, können Sie sich vom Frühjahr bis zum Herbst an einer blütenreichen Pflanzenfläche erfreuen.
Es werden sich zahlreiche Insekten einfinden, die hier Nahrung finden.

Mit den aus Südafrika stammenden reichblühenden *Delosperma*-Arten lassen sich rasch größere Flächen in Steingärten und im Rahmen der extensiven Dachbegrünung schließen.

Die schönsten winterharten Kakteen

Das Spektrum winterharter Kakteen ist groß. Sie bestechen nicht nur durch schöne Blüten – wer sich näher mit ihnen befasst, wird sich der Faszination dieser dornigen Überlebenskünstler kaum entziehen können.

Cylindropuntia imbricata zählt zu den größten, beliebtesten und blühfreudigsten winterharten Kakteen. Im Laufe der Jahre können bei optimalem Standort Exemplare von 2 m Höhe entstehen.

Cylindropuntia imbricata
(Haworth) F. M. Knuth

⬆ 100–200 ☼ ✿ 6–8 ☞ A

Allgemein: Eine der attraktivsten winterharten Kakteen! Die Art wird von vielen Autoren zu *Opuntia* gestellt, während E. F. Anderson eine eigenständige Gattung begründet, die deutlich von allen Feigenkakteenverwandtschaften aus Südamerika abweicht.
Cylindropuntia imbricata kann unter optimalen Bedingungen durchaus eine Höhe von 3 m erreichen, doch oftmals sorgen Stürme dafür, dass größere baumförmige oder strauchig wachsende Exemplare umgedrückt werden oder dass schwere Äste abbrechen. In unseren Breiten wird diese Art nur unter optimalen Bedingungen höher als 2 m. Die zylindrischen Triebe von *C. imbricata* können etwa 2–3 cm dick und bis zu 25–30 cm lang werden.
Cylindropuntia imbricata und andere winterharte Kakteen haben eine überaus effektive Überlebensstrategie für die frostige Winterzeit entwickelt! Mit der Abnahme der Temperaturen im Spätherbst reduzieren diese Pflanzen die Flüssigkeitsaufnahme so drastisch, dass sich die Zellsäfte konzentrieren und dadurch der Gefrierpunkt in den Zellen erheblich sinkt. Da in dieser Phase der Innendruck in den Zellen reduziert ist, erschlaffen die oberen, jüngeren Triebe und hängen deutlich sichtbar nach unten, während die älteren, bereits verholzten Triebe der Pflanze noch eine gewisse Stabilität verleihen. Am Ende der frostigen Jahreszeit – mitunter bereits ab Ende März – nehmen winterharte Kakteen wie-

der mehr Feuchtigkeit auf und die schlaffen Triebe gewinnen wieder an Spannkraft.

Verbreitung: Verbreitet ist *C. imbricata* im Süden der USA bis nach Zentralmexiko auf überwiegend mineralischen Böden, in steinigem Gelände, zwischen Felsen und im freien Grasland. Sie gedeiht in Höhen zwischen 800 bis nahezu 2500 m ü. d. M.

Pflege: In unseren Breiten wünscht *C. imbricata* einen vollsonnigen Standort, der idealerweise in einem schattenfreien Steingarten in Südhanglage in überwiegend mineralischem, durchlässigem Substrat sein sollte. Ein Regenschutz ist bei optimaler Lage nicht erforderlich! Man sollte aber bei der Pflanzung bedenken, dass diese Pflanze im Laufe der Jahre eine recht stattliche Größe und einen erstaunlichen Umfang erreichen kann. Und allzu große Schneemengen, die von einem Gewächshaus oder von einem Hausdach rutschen, können größere Exemplare erheblich schädigen. Also unbedingt rechtzeitig Vorsorge treffen!

Blütezeit: An einem optimalen vollsonnigen Standort können sich bereits Anfang Juni die ersten, bis zu 8 cm breiten Blüten öffnen. Die Hauptblütezeit ist im Juni und Juli – in manchem Jahr öffnen sich die letzten Blüten noch im August.

Vermehrung: Triebstecklinge

Schädlinge: Keine

Winterhärte: Ohne Regenschutz bis –25 °C, mit Regenschutz bis –30 °C.

Empfehlenswerte Arten: *C. davisii, C. echinocarpa, C. kleiniae.*

In den Wintermonaten ruht *Cylindropuntia imbricata* mit hängenden Trieben.

Cylindropuntia whipplei bildet im Frühsommer interessante grünlichgelbe Blüten.

Cylindropuntia whipplei
(Engelmann & J. M. Bigelow) F. M. Knuth

⬆ 50–80 ☼ ✿ 2,5–3 ☞ A

Allgemein: In den trockenen, mit Gras und niedrigen Kiefern bewachsenen Herkunftsgebieten bildet *C. whipplei* undurchdringliche Buschformen, die bis zu 1 m Höhe erreichen können. In unseren Breiten kann die relativ langsam wachsende Art im Laufe der Jahre durchaus 50–60 cm erreichen. Die zylindrischen, weißbedornten Triebe können insgesamt 10–12 cm lang werden, sind aber nur etwa 0,8–1,5 cm dick.

Von *Cylindropuntia whipplei* sind mehrere Zucht- und Standortformen bekannt, die fast alle ähnliche Kulturbedingungen wünschen.

Verbreitung: Eine in Colorado, Utah, Arizona und New Mexico verbreitete, überaus variable *Cylindropuntia*, die an den heimatlichen Standorten nur in Regionen zwischen 1200 m bis fast 2800 m gedeiht.

Pflege: *Cylindropuntia whipplei* wünscht ebenfalls einen vollsonnigen Standort in gut dräniertem, durchlässigem Substrat in leichter Südhanglage.

Blütezeit: Die gelbgrünen, etwa 2,5 cm breiten Blüten erscheinen an einem vollsonnigen Standort nach etwa 5 Jahren. Die Hauptblütezeit reicht üblicherweise von Mitte Juni bis Ende Juli.

Vermehrung: Triebstecklinge

Schädlinge: Junge Triebe sind mitunter von Schnecken begehrt.

Winterhärte: Je nach Standortform bis –20 °C, mit Regenschutz auch –25 °C.

Echinocereus coccineus
Engelmann

⬆ 10–12 ☼ ✿ 8–12 ☞ F

Allgemein: Der wunderschön blühende *Echinocereus coccineus* wächst teilweise an den gleichen Standorten wie *E. triglochidiatus* und hat mit diesem auch eine große Ähnlichkeit – Übergangsformen sind auch bekannt. Im Laufe der Jahre können sich an den meist extrem niederschlagsarmen Heimatstandorten herrliche Polster mit einem Durchmesser von bis zu 2 m bilden. Aufgrund der großen Variabilität unterscheidet man zahlreiche Standortformen sowohl im Habitus als auch in der Bedornung. Diese Variabilität setzt sich auch in unseren Breiten fort. So bildet *E. coccineus* an einem optimalen, vollsonnigen Standort eine wesentlich kräftigere Bedornung als die gleiche Art im Halbschatten.
Verbreitung: USA (Arizona, Colorado, Texas, New Mexico) und Mexiko (Coahuila, Sonora, Chihuahua). Die Fundorthöhen erstrecken sich von 1000 m bis auf nahezu 3000 m ü. d. M.
Pflege: Ein vollsonniger, schattenfreier Standort in leichter Südhanglage wäre ideal. Durchlässiges Substrat mit einer oberen, 5 cm dicken mineralischen Schicht.
Blütezeit: Die Hauptblütezeit für *E. coccineus* sind die Monate Mai, Juni und Juli.
Vermehrung: Aussaat oder durch vorsichtige Teilung größerer Gruppen.
Schädlinge: Gelegentlich Schnecken – vor allem nach längeren Niederschlägen. In den Wintermonaten sollte man *E. coccineus* unbedingt von Laub und Unkräutern frei halten, damit die Pflanzen immer wieder abtrocknen können.
Winterhärte: Ohne Regenschutz bis –20 °C; mit Regenschutz bis –25 °C.
Empfehlenswerte Arten: *E. engelmannii, E. fendleri, E. mojavensis.*

Trotz ihrer enormen Variabilität sind alle Formen von *Echinocereus coccineus* empfehlenswerte Pflanzen.

Echinocereus reichenbachii
(Terscheck ex Walpers) Hort. F. A. Haage

⬆ 10–20 ☼ ✿ 8–10 ☞ **A**

Allgemein: Ein überaus variabler *Echinocereus*, von dem aufgrund des großen Verbreitungsgebietes in trockenem Grasland, in halbaridem Buschland und an lichten Waldrändern wegen der unterschiedlichen klimatischen Bedingungen auch zahlreiche Standortformen bekannt sind. Die Art ist sehr beliebt, ihre Blühfreude hat natürlich auch viele Kakteenzüchter animiert, immer noch blühfreudigere und noch robustere Sorten zu züchten. Auf diese Art haben sich zusätzliche interessante Blütenfarben und ganz verschiedene Bedornungen ergeben – interessante Perspektiven, die aber dazu führen, dass solche Pflanzen nur sehr schwierig zugeordnet werden können. Es gibt Züchter, die sich nahezu ausschließlich und sehr erfolgreich damit beschäftigen, die Winterhärte der Sorten immer mehr zu verbessern.

E. reichenbachii, der steinige, kiesige und sandige Böden bevorzugt, kann an den Heimatstandorten mitunter bis zu 40 cm Höhe bei 10 cm Durchmesser erreichen – in unseren Breiten sind Exemplare mit 20 cm Höhe bereits sehr stattlich. Herrliche Pflanzen mit einer überaus variablen Bedornung.

Zu den robustesten Kakteen zählt der besonders variable *Echinocereus reichenbachii*.

Verbreitung: Südwesten der USA bis in den Nordosten Mexikos in Höhen von 1000 m.

Pflege: Sehr sonniger, gut dränierter Standort in überwiegend mineralischem Substrat und möglichst in leichter Südhanglage. Die oberen 4–5 cm des Substrates sollten mineralisch sein. In den Wintermonaten muss man Blätter oder Unkraut von den Pflanzen entfernen.

Blütezeit: Je nach Standort und Pflege von Ende Mai bis Anfang Juli. Die Blüten können einen Durchmesser von 8–10 cm erreichen.

Vermehrung: Aussaat

Schädlinge: Frische Blütenknospen werden von Schnecken leider nicht verschmäht.

Winterhärte: Ohne Regenschutz bis –20 °C, mit Regenschutz bis –25 °C.

Echinocereus reichenbachii var. albispinus
(Lahmann) L. Bens.

⬆ 10–20 ☼ ✿ 8–10 ☞ A

Allgemein: In einiger Literatur wird *E. reichenbachii* var. *albispinus* zu *E. reichenbachii* var. *baileyi* gestellt, die beiden unterscheiden sich tatsächlich nur wenig voneinander. Wenn man dann noch die enorme Variabilität des gesamten *E. reichenbachii*-Komplexes sowie die unzähligen Übergangsformen berücksichtigt, fällt es gewiss nicht schwer, beide Varietäten gemeinsam zu beschreiben.
Die kräftigen, zylindrischen Pflanzen erreichen bei guter Pflege einen Durchmesser von 6 cm und eine Höhe von bis zu 20 cm, selten mehr. Die Bedornung ist äußerst variabel.
Verbreitung: Das Verbreitungsgebiet von *E. reichenbachii* var. *baileyi* bzw. von *Echinocereus reichenbachii* var. *albispinus* erstreckt sich überwiegend auf Oklahoma, Texas und Randbereiche der Nachbarstaaten im Great Plains Grasland. Hier stößt man ebenfalls auf viele wunderschöne Übergangsformen mit besonders heller Bedornung.
Pflege: Vollsonniger, schattenfreier Standort in leichter Südhanglage. Die oberen 3–4 cm der Substratschicht sollten mineralisch sein und eine sehr gute Dränage ist unerlässlich. Die unmittelbare Umgebung der Pflanze nicht von stark wachsenden Begleitpflanzen zuwuchern lassen. Staunässe ist unbedingt zu vermeiden.
Blütezeit: Je nach Standort und Pflege von Ende Mai bis Anfang Juli. Die herrlichen Blüten können einen Durchmesser von 8–10 cm erreichen.
Vermehrung: Aussaat
Schädlinge: Junge Blütenknospen oder auch bereits geöffnete Blüten werden gerne von Schnecken befallen.
Winterhärte: Mit guter Dränage und unmittelbar vor einer wärmespeichernden Mauer hält *Echinocereus reichenbachii* var. *albispinus* auch ohne Regenschutz bis –25 °C aus.

Variabel in Bedornung und Blütengröße ist auch *Echinocereus reichenbachii* var. *albispinus*.

Eine schöne Form von *Echinocereus reichenbachii* var. *fitchii* mit dunklem Blütenboden.

Echinocereus reichenbachii var. fitchii

(Britton & Rose) N. P. Taylor

⬆ 10–18 ☼ ✿ 8–12 ☞ **F**

Allgemein: *E. reichenbachii* var. *fitchii* unterscheidet sich durch die anliegenden Dornen und die leicht elliptischen Areolen, die aber auch von Standort zu Standort erheblich variieren können. Diese Varietät gilt in einigen Gebieten bereits als gefährdet! Die Standorte reichen vom Buschwerk am Rande des Rio Grande bis ins halbaride, steinige Grasland in ca. 900 m Höhe.

Verbreitung: Das Verbreitungsgebiet erstreckt sich von Süd-Texas bis ins benachbarte Mexiko (Tamaulipas, Nuevo León).

Pflege: *E. reichenbachii* var. *fitchii* ist etwas empfindlicher gegen Kälte! Natürlich sollte der Standort in unseren Sammlungen absolut vollsonnig und schattenfrei sein. Eine zusätzliche gute Dränage in überwiegend mineralischem Substrat ist unerlässlich. Diese Varietät ist am Wurzelhals besonders empfindlich! Ich konnte sie sowohl mit gutem Regenschutz im Freien als auch im unbeheizten Kalthaus erfolgreich überwintern.

Blütezeit: Von Anfang Juni bis Ende Juli.

Vermehrung: Nur durch Aussaat.

Schädlinge: Die Blüten und mitunter auch die zarten Neutriebe sind bei Schnecken begehrt.

Winterhärte: Ohne Regenschutz bis –10 °C, mit gutem Regenschutz bis –20 °C.

Echinocereus rigidissimus

(Engelmann) Hort. F. A. Haage

⬆ 8–12 ☼ ✿ 6–10 ☞ S

Allgemein: Ein prächtiger besonders großblütiger *Echinocereus*, der auf steinigen, mineralischen Böden im halbariden Grasland verbreitet ist. Auch von *E. rigidissimus* kennt man unterschiedliche Standortformen, die sich in Habitus und Bedornung unterscheiden. Auffallend ist, dass die Triebe dieser Art meist deutlich dicker sind – ausgenommen *E. rigidissimus* subsp. *rubispinus*.

Verbreitung: Südwesten der USA bis nach Nordwest-Mexiko. Auch von dieser Art findet man nur sehr selten größere Populationen.

Pflege: Auch *E. rigidissimus* ist etwas kälteempfindlicher und sollte grundsätzlich nur mit Regenschutz oder in einem unbeheizten Kalthaus überwintert werden. Außerdem sind eine gute Dränage und ein ganzjährig vollsonniger Standort sehr zu empfehlen. Aufgrund seiner Nässeempfindlichkeit sollte dieser wunderschöne *Echinocereus* nur von erfahrenen Sammlern kultiviert werden.

Blütezeit: Die herrlichen trichterförmigen Blüten können bis zu 10 cm Durchmesser erreichen. Hauptblütezeit sind die Monate Juni und Juli.

Vermehrung: Nur durch Aussaat.

Schädlinge: Im Freiland Schnecken und im Kalthaus manchmal Spinnmilben.

Winterhärte: Nur mit Regenschutz bis –10 °C.

Bis zu 12 cm breit wird die Blüte des besonders kräftigen *Echinocereus rigidissimus*.

Echinocereus triglochidiatus Engelmann

⬆ 6–15 ☼ ✿ 6–10 ☞ A

Allgemein: Kaum eine Art hat derart viele unterschiedliche Standortformen mit unendlichen Übergängen entwickelt, die das exakte Bestimmen erschweren – sie reichen von dornenlos (*E. triglochidiatus* fa. *inermis*) bis stark bedornt (*E. triglochidiatus* var. *melanacanthus*).

Eine überaus variable Art: *Echinocereus triglochidiatus* ist in Mexiko und im Südwesten der USA verbreitet. Herrliche blühfreudige Polster können sich im Laufe der Jahre bilden.

E. triglochidiatus kann im Laufe der Jahre attraktive Gruppen mit mehreren hundert Trieben bilden. Diese Art ist ethnobotanisch überaus interessant. So wurden im Laufe der Jahrzehnte eine ganze Reihe infraspezifische Taxa von den unterschiedlichsten Autoren beschrieben, die aber alle immer noch heftig diskutiert werden.

Verbreitung: Weitverbreitet im Südwesten der USA und im benachbarten Mexiko, im halbariden Grasland sowie auf kiesigen, sandigen und steinigen Böden; meist in Höhen zwischen 900 m bis auf über 2 500 m ü. d. M.

Pflege: *E. triglochidiatus* wünscht einen ganzjährig vollsonnigen, schattenfreien Standort an einem leicht nach Süden geneigten Hang bzw. Steingarten. Überwiegend mineralisches Substrat und eine gute Dränage sind unerlässlich. Da die Pflanzen nicht sehr groß werden und sich in der kalten Jahreszeit auch noch etwas in das Substrat zurückziehen, sollte man Blätter und Unkräuter stets entfernen, damit sie wieder abtrocknen können.

Blütezeit: Je nach Standort von Ende Mai bis Anfang Juli. Die orangeroten bis dunkelroten Blüten mit hellerem Schlund bleiben meist mehrere Tage geöffnet. Und oftmals bilden sich anschließend in sonnigen Herbstmonaten noch rosafarbene oder rote, zudem auch essbare schmackhafte Früchte.

Vermehrung: Durch Aussaat oder vorsichtige Teilung größerer Gruppen. Entstandene Trieb- oder Wurzelschäden etwa zwei Wochen abtrocknen lassen.

Schädlinge: Besonders Schnecken lieben die zarten Blütenknospen, die frischen Triebe und sogar die Früchte.

Winterhärte: Ohne Regenschutz bis –17 °C, mit Regenschutz bis –25 °C.

Echinocereus viridiflorus
Engelmann

⬆ 5–8 ☼–◐ ✿ 2,5–3,5 ☞ A

Allgemein: *E. viridiflorus* (lat.: grünblühend) ist eine sehr interessante zwergwüchsige variable Art. Im Norden des texanischen Städtchens Marathon wächst die Art auf dem Stockton-Plateau in Kalkstein. An anderen Stellen findet man sie auf steinigem Untergrund, auf Geröllebenen, an Berghängen und in halbariden Grasbereichen sowie an sonnigen Waldrändern; sie wachsen bevorzugt in Höhen von 1 200 bis 2 900 m ü. d. M.

Die selten sprossende Art wird kaum höher als 8 cm. Die vielfarbige Bedornung ist bei *E. viridiflorus* besonders auffallend. Die 13–15 Randdornen sind nur etwa 4 mm lang, während die Mitteldornen – sofern überhaupt vorhanden – durchaus eine Länge von 10–15 mm erreichen.

Verbreitung: USA (Colorado, Wyoming, South-Dakota, New Mexico, Texas, Oklahoma, Kansas).

Pflege: *E. viridiflorus* liebt einen gut dränierten vollsonnigen Standort in Südhanglage. Wichtig ist auch das überwiegend mineralische und gut durchlässige Substrat. Staunässe darf keinesfalls auftreten. Regelmäßig sollte man Herbstlaub und Unkräuter entfernen sowie rasch wachsende Begleitpflanzen in Schach halten. *E. viridiflorus* zieht während der Ruhezeit in den Wintermonaten etwas in das Substrat ein und ist dann kaum noch zu sehen.

Blütezeit: In den Frühsommermonaten erscheinen an den Triebseiten etwa 3 cm große, gelbgrüne, trichterförmige Blüten mit zarten bräunlichen Streifen.

Vermehrung: Durch Aussaat, das Abtrennen und Bewurzeln der seltenen Sprosse ist sehr aufwendig und nicht immer erfolgreich.

Schädlinge: Schnecken lieben die Blüten.

Winterhärte: Eigentlich zählt *E. viridiflorus* zu den frosthärtesten Kakteen, aber man hört immer wieder von Misserfolgen. Ich habe nur beste Erfahrungen gemacht. Ohne Regenschutz bis –17 °C und mit Regenschutz bis –25 °C.

Zu den robustesten winterharten Kakteen zählt der kleine *Echinocereus viridiflorus*.

Echinopsis chamaecereus
H. Friedrich & Glätzle

8–12 ☼ ✿ 4–5 ☞ A

Allgemein: In unseren Sammlungen ist diese monotypische Art meist noch unter *Chamaecereus silvestrii* oder auch *Lobivia silvestrii* bekannt. Die zwergige, kriechend wachsende Art bildet etwa 15–20 cm lange, bis zu 1,5 cm dicke, borstenartig bedornte Triebe.
In den vergangenen Jahren sind durch Kreuzungen mit *Lobivia* und *Echinopsis* Blütenfarben in Gelb, Weiß und anderen Farben entstanden.
Verbreitung: *E. chamaecereus* soll auf argentinischen Hochlagen (Tucumán, Salta) bis 3 800 m ü. d. M. vorkommen.
Pflege: Ein vollsonniger, absolut schattenfreier Standort in einem etwas geschützt liegenden Steingarten ist ein Muss. Durchlässiges, überwiegend mineralisches Substrat mit einer guten Dränage ist ebenfalls erforderlich. Unbedingt darauf achten, dass Herbstlaub und Unkräuter regelmäßig entfernt werden und die rasch wachsende Begleitvegetation etwas in Schach halten. Auf anhaltende Staunässe und kühle Witterung kann diese Art mit Absterben reagieren.
Blütezeit: In den Sommermonaten bilden sich die etwa 4 cm breiten Blüten bereits an jüngeren Pflanzen, der Blütenflor ist umso reichlicher, je älter die Pflanzen werden und wenn kühl überwintert wird.
Vermehrung: Durch Bewurzelung der leicht abtrennbaren Triebe und durch Aussaat.
Schädlinge: Spinnmilben und Schnecken.
Winterhärte: Obwohl *E. chamaecereus* aus Hochgebirgslagen stammt, empfiehlt sich eine Überwinterung mit Regenschutz oder in einem Kalthaus. Bei trockener Überwinterung halten sie Temperaturen bis –20 °C problemlos aus.

Echinopsis chamaecereus (früher: *Chamaecereus silvestrii)* ist bei trockener Winterkultur erstaunlich frostfest. Der klein bleibende Kaktus blüht bei sonnigem Standort überaus reich.

Escobaria missouriensis
(Sweet) D. R. Hunt

⬆ 5–7 ☼ ✿ 3–4 ☞ F

Allgemein: Eine flach wachsende, bis etwa 6 cm hohe und 8 cm breite, überaus variable Art, die an ihren Heimatstandorten im Laufe der Jahre vielköpfige Polster bildet. In den Trockenzeiten sind die Pflanzen kaum im Boden zu entdecken. Man sieht dann von ihm nur die Triebspitzen und einige Warzen mit weißgrauen Dornen.
Verbreitung: Weitverbreitet in den USA (Arizona, New Mexico, North Dakota, Idaho und Kansas) sowie in Mexiko (Nuevo Leon, Coahuila) im trockenen, offenen Grasland, in lichten Kiefernwäldern und in Wacholder-Vegetation *(Juniperus)*. Die Standorte liegen in Höhen zwischen 1600 m und 2500 m ü. d. M.
Pflege: An einem weitgehend trockenen, vollsonnigen Standort zählt *E. missouriensis* zu den besonders robusten winterharten Kakteen. Voraussetzung ist ein überwiegend mineralisches und sehr durchlässiges Substrat, das Staunässe zuverlässig verhindert.
Blütezeit: In den Frühsommermonaten erscheinen die 3–4 cm breiten Blüten, die grünlichgelb bis rosa sein können. Gemeinsam mit den auffallenden roten, kugeligen bis länglichen Früchten, die zwischen den Warzen erscheinen, bieten sie ein wunderschönes Bild. Die Früchte benötigen nahezu ein Jahr, um auszureifen, und bleiben dann noch mehrere Monate an der Mutterpflanze.
Vermehrung: Durch Aussaat oder durch vorsichtige Teilung größerer Gruppen.
Schädlinge: Schnecken

Winterhärte: In vielen Sammlungen – so auch im Horber Kakteengarten – steht *E. missouriensis* ohne jeden Regenschutz im Freien. Da bei winterharten Kakteen nicht die Kälte das Problem ist, sondern die Nässe, sollte das Substrat sehr durchlässig sein und von oben nach unten immer wieder gut austrocknen können. Ohne Regenschutz, aber mit einer sehr guten Dränage, hält diese Art in meiner Sammlung in 500 m Höhe Temperaturen bis –20 °C aus, im unbeheizten Kalthaus sogar bis –25 °C.

Besonders hübsch sieht *Escobaria missouriensis* aus, wenn sie ihre leuchtend roten Früchte aus der letztjährigen Blühsaison zeigt und gleichzeitig neue Blüten bildet. Vollsonniger Standort!

Escobaria sneedii
Britton & Rose

⬆ 3–6 ☼ ✿ 1–3 ☞ F

Allgemein: In trockenem Buschland und in halbaridem Grasland bildet *E. sneedii* vielköpfige Gruppen, wobei die einzelnen zylindrischen, dicht mit weißlichen Dornen umhüllten Körper meist nur 2,5 cm Durchmesser erreichen. Im Laufe der Jahre können sich auch in den Sammlungen in unseren Breiten Gruppen von 20–30 cm ergeben – mehr als 100 Köpfe sind dabei keine Seltenheit.

Diese Art sowie die beiden Unterarten sind mittlerweile im Appendix I von CITES enthalten, weil die Gefährdung an den natürlichen Standorten offensichtlich ist.

Verbreitung: Im Süden der USA (Texas, New Mexico) und im Norden des angrenzenden Mexiko ist *E. sneedii* verbreitet. Man findet diesen kleinen Kaktus bis etwa 1 800 m ü. d. M.

Pflege: Vollsonnige, schattenfreie, nach Süden ausgerichtete Standorte mit gut durchlässigem, überwiegend mineralischem Substrat sind unerlässlich. Um gefährliche Staunässe zu vermeiden, sollte man für eine gute und wirksame Dränage sorgen. Weil diese Art sehr langsam wächst, ist darauf zu achten, dass diese kleinen Kakteen nicht zu üppig von den Begleitpflanzen überwachsen werden.

Blütezeit: Ab Ende Mai, im Juni und noch bis Anfang Juli können die kleinen, 1–2 cm großen, rosafarbenen Blüten mit leichtem Mittelstreifen erscheinen. Später bilden sich dann kleine rötliche oder auch grünliche Früchte.

Vermehrung: Durch Aussaat oder durch vorsichtige Teilung größerer Gruppen.

Schädlinge: Gelegentlich Schnecken.

Winterhärte: *Escobaria sneedii* wird in meiner Sammlung seit vielen Jahren an optimalen Standorten sehr erfolgreich im Freien kultiviert – und das ohne jeden Regenschutz. Dennoch bleibt bei extremer Nässe eine gewisse Unsicherheit. Ohne Regenschutz verträgt diese Art ohne weiteres Temperaturen bis –20 °C und mit Regenschutz oder im unbeheizten Kalthaus bis –25 °C.

Escobaria sneedii bildet im Laufe der Jahre vielköpfige, niedrige, blühfreudige Polster.

Escobaria sneedii var. *leei*

(Rose ex Bödeker) D. R. Hunt

3–5 ☼ ✿ 1–2 ☞ F

Allgemein: *Escobaria sneedii* var. *leei* ist von dicht anliegenden weißen Dornen umhüllt. Der sehr langsam wachsende Kaktus bildet im Laufe der Jahre wunderschöne weiße Gruppen. Die kleinen Pflanzen erreichen bestenfalls eine Höhe von 4–5 cm und einen Durchmesser von 1,5–2 cm. Auf jeder Areole sitzen etwa 25 bis 35 ca. 2–4 mm lange, weiße Dornen. Diese Unterart von *Escobaria sneedii* wird an ihrem ursprünglichen Standort ebenfalls als sehr gefährdet eingestuft.

Verbreitung: Beheimatet ist diese Varietät im äußersten Süden der USA (New Mexico, in den Guadalupe Mts.) auf mineralisch-steinigen Hängen und in halbaridem Grasland in Höhen zwischen 1 200 und 1 800 m ü. d. M.

Pflege: Siehe *Escobaria sneedii*.

Blütezeit: Die 1–2 cm großen, bräunlich rosafarbenen Blüten erscheinen meist in den Monaten Juni und Juli. Auch diese Varietät bildet rötliche bzw. grünliche, keulenförmige Früchte.

Vermehrung: Durch Aussaat oder durch vorsichtige Teilung größerer Gruppen.

Schädlinge: Selten Schnecken. Ameisenbauten in Pflanzennähe verhindern.

Winterhärte: Siehe *Escobaria sneedii*.

Escobaria sneedii var. *leei* unterscheidet sich von der Art durch die weiße, dicht anliegende Bedornung. Bildet dichte, flache Polster und im Frühsommer kleine rötliche Blüten.

Escobaria vivipara
(Nuttal) Buxbaum

⬆ 7–8 ☼ ✿ 3–4 ☞ **F**

Allgemein: Bei dieser Art finden sich zahlreiche Übergänge zu anderen Arten und Varietäten. Sie unterscheiden sich im Habitus und bei der Bedornung. *E. vivipara* liebt in ihrer Heimat durchlässige mineralische Kalksteinböden, trockenes Grasland und sonnige Waldränder in bis zu 2600 m Höhe.

Aus einem riesigen Verbreitungsgebiet stammt die variable, robuste *Escobaria vivipara*.

Die anfangs vereinzelt wachsenden und später reichlich sprossenden Pflanzen erreichen einen Durchmesser von 6–8 cm Durchmesser und werden etwa 7–8 cm hoch. Auf den deutlich sichtbaren Warzen sitzen weiße Rand- und bräunliche oder orangefarbene Mitteldornen.

Verbreitung: Das heimatliche Vorkommen von *E. vivipara* (= lat. lebend gebärend, sich vegetativ vermehrend) erstreckt sich im Norden von Saskatchewan, Manitoba und Alberta im Süden Kanadas bis nach Nord-Mexiko (Sonora, Coahuila, Chihuahua).

Pflege: Ideal ist ein vollsonniger, schattenfreier, gut dränierter Standort in überwiegend mineralischem, durchlässigem Substrat. Die oberen 3–4 cm der Substratschicht sollten rein mineralisch sein, denn am Wurzelhals ist diese Art, wie auch einige andere Arten, sehr empfindlich. Durch die etwas gröbere Substratschicht wird ein besseres Abtrocknen gewährleistet.

Blütezeit: Die prächtigen purpurrosafarbenen bis violetten, etwa 4 cm breiten Blüten erscheinen meist in den Monaten Juni und Juli. Die bis zu 2 cm langen, grünlichen Früchte reifen in den Spätherbstmonaten.

Vermehrung: Durch Aussaat oder durch vorsichtige Teilung größerer, älterer Gruppen.

Schädlinge: Schnecken

Winterhärte: Obwohl ein wintertrockener Standort allgemein empfohlen wird, kultiviere ich diese Art seit vielen Jahren ohne jeden Regenschutz in den Wintermonaten an unterschiedlichen Standorten, allerdings in sehr durchlässigem mineralischem Substrat. Sicherheitshalber sei ein winterlicher Regenschutz oder ein unbeheiztes Kalthaus empfohlen. Ohne Regenschutz bis –15 °C und mit Regenschutz bis –25 °C.

Gymnocalycium andreae var. fechseri
H. Till

3–5 ☼–◐ ✿ 3–4 ☞ F

Allgemein: Die erstaunliche Winterhärte dieser Varietät wurde bereits von Helmut Fechser in seinen zahlreichen Korrespondenzen mehrfach unterstrichen. An den heimatlichen Standorten werden diese auf leicht rübenförmiger Wurzel wachsenden Pflanzen nur etwa 4 cm hoch bei einem Durchmesser von etwa 6 cm. Im Laufe der Jahre bilden sie attraktive, mehrköpfige und blühfreudige Gruppen. Die nicht sehr stark ausgebildeten Rippen tragen auf den Areolen weißliche, dünne, anliegende Dornen.
Anderson und Preston-Mafham haben *Gymnocalycium andreae* var. *doppianum* und *Gymnocalycium doppianum* zu *G. andreae* var. *fechseri* einbezogen. Da *G. andreae* auch an den heimatlichen Standorten außerordentlich variabel ist, wird immer wieder bezweifelt, ob alle Unterarten und Varietäten taxonomisch wirklich anerkannt werden können.
Verbreitung: Fechser hat diese Pflanze mehrfach in Argentinien – genauer in der Provinz Cordoba im Norden der Sierra Grande de Cordoba – gesammelt und mit nach Deutschland gebracht.
Pflege: Der sommerliche Standort im Freien bekommt der Gesundheit der Pflanze sehr gut, doch manchmal hat sie Probleme mit zu intensiver Sonneneinstrahlung bei schlechter Lüftung. *G. andreae* neigt dann zu unschönen Verbrennungen. Sie bevorzugt lehmig-mineralisches Substrat, die oberen 2–3 cm sollten rein mineralisch sein.
Blütezeit: In den Frühsommer- und Sommermonaten bildet diese Varietät und natürlich auch die Art hübsche, etwa 3–4 cm breite, meist schwefelgelbe Blüten, die anschließend relativ zuverlässig Früchte bilden.
Vermehrung: Durch Aussaat und Abnahme der meist zahlreichen Seitensprossen.
Schädlinge: Schnecken und selten Spinnmilbenbefall.
Winterhärte: Mit Regenschutz oder in einem unbeheizten, gut gelüfteten Kalthaus hält diese Varietät den Winter über problemlos Temperaturen bis –20 °C aus.

Bei trockenem Winterstandort erstaunlich frosthart ist *Gymnocalycium andreae* var. *fechseri*.

Maihuenia poeppigii
(Otto ex Pfeiffer) Philippi ex K. Schumann

⬆ 5–10 ☼ ✿ 4–5 ☞ F

Allgemein: Die Art ist benannt nach dem chilenischen Volksnamen *Maihuén,* der aus der araukanischen Indiosprache stammt. Die Artenbezeichnung *poeppigii* geht auf den deutschen Arzt und Naturforscher Prof. Dr. E. Poeppig (1798–1868) zurück.

M. poeppigii findet man im Tiefland ebenso wie im Hochgebirge nahe der Schneegrenze. Die etwa 5–10 cm hohen, stark sprossenden, nur etwa 1–2 cm dicken Pflanzen mit stark stechenden Mitteldornen bilden im Laufe der Jahre mitunter 2–3 m breite Polster. Die Pflanzen sitzen auf einer langen Pfahlwurzel, die bis zu 80 cm Länge erreichen kann.

Selten in den Sammlungen zu sehen: *Maihuenia poeppigii*, Patagonien aus der Schneegrenzenregion.

Verbreitung: Verbreitet ist *M. poeppigii* im Süden Chiles (Cordillera de Lonquimay bis nach Curicó) und im Südwesten Argentiniens (Neuquén) in trockenem Grasland, in Araucarien- und Nothofagus-Wäldern sowie in den weitläufigen Bereichen der chilenischen Kordilleren bis auf etwa 2 600 m ü. d. M.

Pflege: Vollsonniger, schattenfreier, nach Süden geneigter Standort in sehr gut dräniertem, lockerem Substrat, z. B. Lava-, Granit- und Bimsgrus sowie Quarzsand. Da *M. poeppigii* aus sehr kaltem Hochgebirgsklima stammt, ist sie in unseren Breiten ebenfalls sehr robust und widerstandsfähig, wenn man dafür sorgt, dass der Standort stets unkrautfrei, sonnig und luftig gehalten wird.

Blütezeit: Nur an älteren, größeren Gruppen erscheinen in den Frühsommermonaten bei vollsonnigem Standort und optimalen Bedingungen 4–5 cm breite, schwefelgelbe oder auch gelborangefarbene Blüten. Die keulenförmigen Früchte erreichen etwa 5 cm Länge.

Vermehrung: Durch kräftige Stecklinge – die Schnittstelle mindestens zwei Wochen abtrocknen lassen – oder durch vorsichtige Teilung größerer Gruppen.

Schädlinge: Schnecken lieben die jungen Triebe sowie die Knospen und Früchte.

Winterhärte: In vielen Sammlungen steht *M. poeppigii* seit Jahren ungeschützt im Freien, so auch in meiner Sammlung. In einem sehr niederschlagsreichen Gebiet ist ein Regenschutz oder die Überwinterung in einem unbeheizten Kalthaus empfehlenswert. Mit Regenschutz hat *M. poeppigii* auf der Schwäbischen Alb bis –30 °C problemlos überdauert.

Eine weitere empfehlenswerte winterharte *Maihuenia*-Art ist *M. patagonica.*

Opuntia basilaris
Engelmann & J. M. Bigelow

⬆ 20–25 ☼ ✿ 8–10 ☞ F

Allgemein: Eine überaus variable *Opuntia* mit zahlreichen Varietäten und Übergangsformen, die nur über Glochidenpolster verfügen und sehr selten einzelne Dornen aufweisen. Diese Art bevorzugt kiesige, steinige oder sandige Böden an Hängen und in halbariden Canyons bis in Höhen von 2800 m ü. d. M. Sie wächst überwiegend in niedriger Buschformation und wird nur etwa 25 cm hoch. Die leicht ovalen bis länglichen, an der Basis verjüngten Triebe nehmen bei starker Sonneneinstrahlung und auch in der winterlichen Ruhezeit manchmal eine purpurviolette Färbung an. Im Handel sind kaum noch artreine Exemplare erhältlich, sondern überwiegend Hybriden, die aber oftmals durch eine bessere Winterhärte und Blühfreude überzeugen.
Verbreitung: Das ursprüngliche Verbreitungsgebiet erstreckt sich vom Südwesten der USA (Arizona, Nevada, Kalifornien, Utah) bis in den Nordwesten des benachbarten Mexiko (Nord-Sonora, Baja California).
Pflege: *O. basilaris* ist etwas nässeempfindlicher, deshalb sollte man nicht nur auf eine besonders gute Dränage achten, sondern auch darauf, dass der Wurzelhals der Pflanze durch eine etwa 5 cm dicke, gröbere mineralische Schicht geschützt und trocken gehalten wird. Der Standort in leichter Südhanglage muss natürlich vollsonnig und schattenfrei sein. Sie gedeiht in überwiegend mineralischem Substrat.
Blütezeit: Die Hauptblütezeit sind die Monate Juni, Juli und auch manchmal im August. Da man im Handel zahlreiche Hybriden findet, kann man sich auch auf unterschiedliche Blütenfarben freuen, wie z. B. Gelb, Lachsfarben, Lila oder Dunkelrot.
Vermehrung: Blattstecklinge
Schädlinge: Schnecken
Winterhärte: *O. basilaris* ist etwas nässeempfindlich, deshalb auf eine gute Dränage achten. Dennoch hält diese Art ohne Regenschutz Temperaturen bis –20 °C aus, mit Regenschutz sogar bis –25 °C.
Weitere Arten: *O. chlorotica, O. armata, O. occidentalis*.

Sehr variabel in Aussehen und Blüte ist *Opuntia basilaris*. Mitunter etwas nässeempfindlich.

Opuntia engelmannii
Salm-Dyck ex Engelmann

⬆ 30–70 ☼ ✿ 8–9 ☞ **A**

Allgemein: Eine überaus variable *Opuntia,* die je nach Standort grüne oder auch blaugrüne, oftmals fast kreisrunde Triebsegmente mit einem Durchmesser von bis zu 25 cm und mehr bilden kann. Auch die Dornen variieren von weiß über gelblich bis rötlich, sie können auch völlig fehlen oder sogar eine Länge 7–8 cm erreichen. An den heimatlichen Standorten kann diese stark buschig wachsende *Opuntia* bis zu 3,50 m Höhe erreichen, während sie in unseren Sammlungen an einem freien Standort selten höher als 70 cm wird.

In unseren Sammlungen sind nur selten artreine *O. engelmannii* zu finden. Durch Kreuzung u. a. mit *O. robusta* sind herrlich bedornte, besonders blühfreudige Exemplare entstanden, die zudem immer noch eine recht ordentliche Winterhärte besitzen.

Verbreitung: Beheimatet ist *O. engelmannii* in den USA (Oklahoma, Louisiana, Texas, New Mexico, Arizona) sowie in Nord- und Zentral-Mexiko (Hidalgo, San Luis Potosí, Tamaulipas).

Pflege: Sehr robuste *Opuntia*! Ein vollsonniger, schattenfreier, gut dränierter Standort in leichter Südhanglage mit ausreichend Platz zum Ausbreiten ist für *O. engelmannii* ideal.

Blütezeit: In den Monaten Juni und Juli bilden sich etwa 8 cm breite, gelbe Blüten, und im Spätherbst reifen dann auffallende fleischige, purpurfarbene Früchte heran.

Vermehrung: Am besten durch Blattstecklinge! Man kann aber auch aussäen, wenn berücksichtigt wird, dass *Opuntia*-Samen oftmals eine mehrmonatige Keimdauer haben.

Schädlinge: Selten Schnecken.

Winterhärte: In meinem Garten gedeihen einige Varietäten von *O. engelmannii*, die ohne jeden Regenschutz Temperaturen bis –25 °C problemlos aushalten, während andere Regenschutz haben sollten.

Grüne oder bläuliche Sprosse mit weißlichen Dornen und gelben Blüten: *Opuntia engelmannii.*

Opuntia erinacea var. *utahensis*
(Engelmann) Bens.

⬆ 20–40 ☼ ✿ 7–8 ☞ **A**

Allgemein: Unter vielen Namen steht diese ungeheuer variable *Opuntia* in den Sammlungen. Zudem sind in den vergangenen Jahren unzählige Kreuzungen entstanden – mit extrem reicher Bedornung bis hin zu schwacher Bedornung. Bei den meisten Kreuzungen wurde das Ziel erreicht: besondere Blühfreude und gute Winterhärte. Die einzelnen Triebsegmente können nahezu kreisrund oder auch länglich-oval sein.

Verbreitung: Diese *Opuntia* ist weitverbreitet in den nordamerikanischen Staaten New Mexico, Arizona, Colorado, Utah, Wyoming, Nevada, Idaho und Kalifornien. Dort findet man sie auf kiesigem, sandigem, oft auch halbaridem Grasland und an Berghängen.

Pflege: Unproblematisch an einem vollsonnigen, schattenfreien Standort an einem leicht nach Süden ausgerichteten Hang. Überwiegend mineralisches Substrat mit guter Dränage.

Blütezeit: Man kennt gelbe, rote und rosafarbene Blüten in vielen Schattierungen, die aber alle in den Monaten Juni und Juli mehr oder wenig reich erscheinen.

Vermehrung: Idealerweise durch abgetrennte Triebsegmente oder durch Aussaat.

Schädlinge: Gelegentlich findet man Schäden durch Schnecken an Knospen und Jungtrieben.

Winterhärte: Ohne Regenschutz bis –20 °C; mit Regenschutz bis –25 °C. Extrem dicht bedornte Formen sollte man nur mit Regenschutz überwintern, weil die Nässe auf den Pflanzen aufgrund der dichten Bedornung nicht ausreichend abtrocknen kann.

Variabel in Bedornung, Größe und Blütenfarbe und sehr robust ist *Opuntia erinacea* var. *utahensis*.

Opuntia fragilis
(Nuttal) Haworth

⬆ 4–8 ☼ ✿ 4–6 ☞ **A**

Allgemein: Überaus variable und formenreiche *Opuntia*, die sehr klein bleibt und wohl zu den äußerst robusten und widerstandsfähigen Arten zählt. *O. fragilis* (= lat. zerbrechlich, brüchig) wächst an den Heimatstandorten vorwiegend auf steinigen, felsigen und kiesigen Böden sowie auf halbaridem Grasland, der sogenannten Kurzgrasprärie. Sie kommt vor bis in Höhen zwischen 600 m bis 2 800 m ü. d. M.
Die kleinen, sich leicht lösenden, elliptischen bis eiförmigen Glieder sind – je nach Standort – hell- bis leicht bräunlichgrün und werden nur etwa 2–4 cm lang. Man kennt dicht bedornte Exemplare, andere sind völlig dornenlos.
Verbreitung: Das enorme Verbreitungsgebiet erstreckt sich auf einer Länge von mehr als 3 000 km von den kanadischen Provinzen Ontario, Manitoba bis nach British Columbia (Umgebung von Okanangan) über die Staaten Washington bis Michigan und Illinois sowie weit hinunter in den Süden der USA bis nach Kalifornien und Texas.
Pflege: Eine der interessantesten klein bleibenden *Opuntia*-Arten in den Sammlungen, sofern man einen vollsonnigen, schattenfreien Standort in leichter Südhanglage anbieten kann. Überwiegend mineralisches Substrat mit guter Dränage ist wichtig! Ich pflege *O. fragilis* sowie sämtliche Hybriden völlig ohne Regenschutz! Unbedingt darauf achten, dass Laub und Unkraut regelmäßig entfernt werden und zu üppig wachsende Begleitpflanzen in Schach halten!
Blütezeit: Die Blütezeit dieser kleinen Pflanzen ist in den Monaten Juni und Juli. Einige Klone gelten als ausgesprochen blühfaul. Die rotblühende *O. fragilis* soll eine Standortpflanze sein.
Vermehrung: Problemlos durch Bewurzelung von Triebstecklingen.
Schädlinge: Schnecken und manchmal auch Ameisen, die diese niedrigen Kakteen unter ihrer »Burg« vergraben.
Winterhärte: *O. fragilis* zählt zu den frosthärtesten Kakteen. Bei einem gut vorbereiteten Standort gedeiht sie bis –25 °C problemlos. Mit Regenschutz bis –30 °C. Aber oftmals blühen diese Pflanzen dann nicht sehr gut. Dass einige Hybriden etwas empfindlicher sein sollen, konnte ich noch nicht feststellen.
Weitere Sorten: *O. fragilis* 'Feldberg': variable gelbe Blüten und kräftige helle Bedornung; *O. fragilis* 'Freising': reichblühend, gelbe Blüten und bräunliche Bedornung; *O. fragilis* 'Frankfurt': reichblühend, gelbe Blüten, die nach einem Tag etwas rötlich werden, dornenlos, aber kräftige Glochidenpolster.

Besonders winterhart sind nahezu alle Formen, Sorten und Hybriden von *Opuntia fragilis*.

Opuntia howeyi
J. A. Purpus

⬆ 12–30 ☼ ✿ 6–8 ☞ **A**

Allgemein: Die an den heimatlichen Standorten nahezu kreisrunden, etwa 10–15 cm großen, reich bedornten Triebsegmente sind in unseren Sammlungen eher oval. Das Wachstum von *O. howeyi* ist überwiegend niederliegend kriechend.
Verbreitung: Eine *Opuntia*, die nahezu ausschließlich in Mexiko beheimatet ist und im Staat Zacatecas bei Troncosa in über 2000 m ü. d. M. auf verwitterndem Vulkangestein vorkommt. Auch im Staate San Luis Potosí sind größere Standorte in dieser Höhe auf Basalt bekannt. Weitere Standorte sollen in Tlaxcala und Puebla sein.
Pflege: Problemlose *Opuntia*, die einen vollsonnigen und gut dränierten Standort in überwiegend mineralischem Substrat wünscht.
Blütezeit: Die hellgelben, etwa 6–7 cm breiten Blüten erscheinen überwiegend in den Monaten Juni und Juli. Die dekorativen, rundlichen, bedornten Früchte reifen im Spätsommer in ein tiefes Dunkelrot.
Vermehrung: Am besten durch Bewurzelung von ausgereiften (nicht zu jungen) Triebsegmenten.
Schädlinge: Schnecken lieben die Knospen und die jungen Triebe – trotz der Bedornung!
Winterhärte: Ohne Regenschutz bis –20 °C, mit Regenschutz bis –25 °C.

Eine in Mexiko beheimatete, recht robuste Art mit rundlichen bedornten Trieben ist *Opuntia howeyi*.

Opuntia humifusa
(Rafinesque) Rafinesque

⬆ 6–15 ☼ ✿ 5–7 ☞ **A**

Allgemein: Überaus variable, im Handel unter vielen Namen bekannte Art, die auch in unserem mitteleuropäischen Klima völlig winterhart ist. *O. humifusa* wächst überwiegend auf sandigen, steinigen und durchlässigen Böden. Die gruppenbildenden Pflanzen wachsen meist sehr flach, fast auf dem Boden liegend (humifusa = lat. niedergestreckt). In den Monaten April/Mai richten sich die Triebsegmente wieder leicht auf, sobald sie wieder Feuchtigkeit aufnehmen. Die rundlichen bis ovalen, grünlichen Triebsegmente, die sich bei starker Sonneneinstrahlung leicht rötlich färben können, tragen außer gelblichen oder bräunlichen Areolen nur sehr selten Dornen.

Sehr winterharte, selten bedornte, gelbblühende Art, die rote Früchte bildet: *Opuntia humifusa.*

In der Volksmedizin der innerhalb des Verbreitungsgebietes ansässigen Indios fand diese *Opuntia* vielfach Anwendung. Die geschälten sukkulenten Blätter sollten die raschere Heilung von Wunden fördern, Warzen verschwinden lassen und Schlangenbisse lindern.

Verbreitung: Weitverbreitet im Osten der USA, im Süden Kanadas (Süd-Ontario) und im Nordosten Mexikos. Auch in Europa hat sich *O. humifusa* durch Verwilderung verbreitet, so z. B. bei Meran und Bozen, im Tessin, im Wallis, in Dalmatien und auch in einigen Weinbergen in Baden-Württemberg.

Pflege: Eine ungewöhnlich robuste *Opuntia*, die aber ebenfalls einen vollsonnigen Standort in leichter Südhanglage wünscht. Überwiegend mineralisches Substratgemisch und eine gute Dränage, um Staunässe zu verhindern.

Blütezeit: Bei optimalem Standort können bereits Ende Mai die ersten gelben etwa 5–7 cm breiten Blüten erscheinen, ansonsten sind die Blühmonate Juni und Juli.

Vermehrung: Durch Bewurzelung von ausgereiften Triebstecklingen oder durch Aussaat. Mitunter versamt sich *O. humifusa* ohne unser Zutun. Man findet dann in der Nähe der Pflanze kleine Exemplare, die oftmals noch die Keimblätter zeigen.

Schädlinge: Schnecken

Winterhärte: Sehr robuste Art, die an einem optimalen Standort durchaus bis –25 °C ohne Regenschutz problemlos aushält, mit Regenschutz sogar bis –30 °C.

Opuntia macrorhiza
Engelmann

⬆ 6–20 ☼ ✿ 6–8 ☞ A

Allgemein: Die einzelnen Triebsegmente von *O. macrorhiza* können sowohl nahezu kreisrund als auch länglich sein. Der Name »macrorhiza« deutet auf eine fleischige, mitunter auch knollige Wurzel hin, durch die sich diese Art von anderen Opuntien unterscheidet.
O. macrorhiza gehört zu jenen *Opuntia*-Arten, die sich ähnlich *O. humifusa* zum Überwintern flach auf die Erdoberfläche legen. Je nach Standort beginnt dann ab Mitte/Ende April wieder das langsame Aufrichten der Triebe.
Verbreitung: Eine im Südwesten der USA und im Norden sowie im Nordosten Mexikos (Chihuahua, Coahuila, Nuevo Leon, Tamaulipas, Sonora) weitverbreitete, überaus variable Art mit mehreren Varietäten, die sich in Größe, Bedornung und in der Blütenfarbe voneinander unterscheiden.
Pflege: Sehr sonniger, schattenfreier Standort in leichter recht trockener Südhanglage mit gut dräniertem, überwiegend mineralischem Substrat. Unbedingt von Unkräutern und Laub frei halten, damit die Pflanze in der nassen Jahreszeit gut und vor allem nach Möglichkeit rasch abtrocknen kann.
Blütezeit: Die etwa 6 cm breiten, roten Blüten erscheinen in den Frühsommermonaten. Es sind auch gelbe Blüten mit rötlicher Mitte in der gleichen Größe bekannt. In sonnigen Herbstmonaten bilden sich hübsche rötliche Früchte, deren hartschalige Samen mit etwas Geduld ebenfalls zur Vermehrung der Art genutzt werden können.
Vermehrung: Idealerweise durch Bewurzelung von Blattstecklingen, evtl. auch durch Aussaat.
Schädlinge: Schnecken lassen sich mitunter gerne auf den jungen Trieben und den Knospen nieder und können erhebliche Fraßspuren hinterlassen. Leider!
Winterhärte: Ohne Regenschutz bis –22 °C und mit Regenschutz bis –30 °C.

Riesiges Verbreitungsgebiet, deshalb in allen Details besonders variabel: *Opuntia macrorhiza.*

Opuntia phaeacantha var. *longispina*

⬆ 10–22 ☼ ✿ 7–8 ☞ A

Allgemein: Anderson hat zu Recht sämtliche Varietäten und Fundortformen von *Opuntia phaeacantha* (Engelmann) einbezogen, zumal bereits an den heimatlichen Standorten eine unübersichtliche Bandbreite bzgl. Habitus und Bedornung erkennbar ist. Dennoch bleibe ich in diesem Buch bei der Bennenung *O. phaeacantha* var. *longispina*, weil die Pflanze im Handel unter diesem Namen immer wieder angeboten wird.

Diese attraktive Varietät gehört zu jenen Opuntien, die von Kakteenfreunden immer wieder mit anderen Opuntien gekreuzt werden, deshalb ist davon auszugehen, dass in den Sammlungen nur Hybriden wachsen, die uns dennoch mit ihrer Blühfreude, ihrer Bedornung und ihrer Winterhärte begeistern.

Die einzelnen Triebsegmente können durchaus 15 cm lang werden, bei vollsonnigem Standort kann die weißliche Bedornung sogar bis zu 8 cm Länge erreichen. Im Laufe der Jahre können erstaunlich große Gruppen mit 80 cm Durchmesser entstehen.

Verbreitung: *O. phaeacantha* ist mit zahlreichen Varietäten im Südwesten der USA und im Norden Mexikos bis zu 1400 m ü. d. M. weitverbreitet.

Pflege: Eigentlich problemlos, wenn man dieser *Opuntia* einen schattenfreien, absolut vollsonnigen Standort in leichter Südhanglage geben kann. Überwiegend mineralisch-durchlässiges Substrat mit guter Dränage ist wichtig.

Blütezeit: Ebenfalls in den Monaten Juni und Juli. Mit etwa 7–8 cm Durchmesser sind die gelben Blüten mit leicht rötlichem Blütenboden relativ groß.

Vermehrung: Am besten durch Bewurzelung von ausgereiften Triebsegmenten.

Schädlinge: Schnecken

Winterhärte: Ohne Regenschutz bis –20 °C, mit Regenschutz bis –25 °C.

Opuntia phaeacantha var. *longispina* zeichnet sich durch lange Dornen und roten Blütenboden aus.

Opuntia phaeacantha var. *discata*

⬆ 15–50 ☼ ✿ 7–9 ☞ A

Allgemein: Die hier vorgestellte *Opuntia* ist vermutlich eine Kreuzung zwischen *O. phaeacantha* und *O. engelmannii*. Sie bildet gewaltige runde oder auch ovale Triebsegmente, die mitunter einen Durchmesser von nahezu 35 cm erreichen können. Eine besonders attraktive *Opuntia!*
Die grünen bis blaugrauen Triebsegmente tragen weiße Dornen auf Areolen mit bräunlichen Glochiden. Während diese *Opuntia* in den Sommermonaten durchaus 50 cm Höhe erreichen kann, legt sie sich in der kalten Jahreszeit stark zur Seite und kann dann seitlich zur Wurzelbildung neigen.
Pflege: Extrem robuste *Opuntia*, die sich als sehr anpassungsfähig herausgestellt hat. Vollsonniger Standort in überwiegend mineralisch-durchlässigem Substrat ist Voraussetzung für gutes Gedeihen.
Blütezeit: In den Monaten Juni und Juli erscheinen bei gutem Standort reichlich gelbe Blüten mit einem Durchmesser von etwa 7–8 cm; die Früchte werden ca. 4–5 cm lang.
Vermehrung: Durch Bewurzelung von ausgereiften Triebsegmenten, die nach der Blühphase geschnitten werden. Bei dieser Größe kann man die Triebsegmente teilen und nach dem sorgfältigen Abtrocknen der Schnittstellen sowohl das untere als auch das obere Segment bewurzeln.
Schädlinge: Schnecken
Winterhärte: Ohne Regenschutz bis –20 °C, mit Regenschutz bis –25 °C.

Gewaltige, bis 35 cm Durchmesser große, bläulichgraue Sprosse, die in den Frühsommerwochen reichlich herrliche gelbe Blüten bilden – die prächtige *Opuntia phaeacantha* var. *discata*.

Opuntia stricta
(Haworth) Haworth

15–35 ☼ ✿ 6–8 ☞ **F**

Allgemein: Diese Art ist als *Opuntia stricta* 'Arizona' in einigen Sammlungen vertreten und soll angeblich mit *O. dillenii* identisch sein, was trotz des völlig unterschiedlichen Habitus durchaus wahrscheinlich sein kann, berücksichtigt man die enorme Variabilität. In meiner Sammlung sind völlig dornenlose wie auch sparsam bedornte Exemplare vorhanden. Die flachen, frischgrünen, meist länglich-ovalen Triebe können durchaus beachtliche 30 cm Länge erreichen.

Verbreitung: *O. stricta* ist im Südosten der USA, im Osten Mexikos und in einigen Gebieten Kubas verbreitet.

Pflege: *O. stricta* wünscht einen sehr sonnigen, absolut schattenfreien, möglichst geschützten Standort in überwiegend mineralischem Substrat mit sehr guter Dränage. Man muss unbedingt darauf achten, dass keinerlei Staunässe entstehen kann.

Blütezeit: In den Monaten Juni und Juli erscheinen bei vollsonnigem Standort die gelben bis zu 7 cm breiten Blüten; in den Herbstmonaten bilden sich rote Früchte.

Vermehrung: Idealerweise durch Bewurzelung von ausgereiften, nach der Blühphase geschnittenen Blattstecklingen, die möglichst noch Ende Juli zur Bewurzelung gesteckt werden. Triebsegmente, die man erst im September zur Bewurzelung vorbereitet, werden kaum noch ausreichende Wurzeln bilden können.

Schädlinge: Schnecken

Winterhärte: *O. stricta* ist in meiner Sammlung bis –12 °C gut frosthart. Mit einem Regenschutz oder in einem unbeheizten Kalthaus hält sie in völlig trockenem Substrat sogar Temperaturen bis –25 °C aus.

Opuntia stricta ist in den USA und in Mittelamerika weitverbreitet und deshalb sehr variabel und kann ebenfalls sehr groß werden. Nach der Blüte bildet diese Art im Herbst hübsche rote Früchte.

Opuntia polyacantha var. erinacea
(Engelmann & J. M. Bigelow)

⬆ 12–25 ☼ ✿ 6–8 ☞ **A**

Allgemein: *O. polyacantha* (= vieldornig) ist seit mindestens 150 Jahren in den Sammlungen vertreten, heute kultiviert man eine kaum überschaubare Anzahl von verschiedenen Varietäten und Hybriden, die einzig zur Steigerung der Frosthärte und der Blühfreude entstanden sind. Eigentlich nichts Negatives, nur irgendwann gerät in Vergessenheit, wie viel von den jeweiligen Kreuzungspartnern noch vorhanden ist. Erfreuen wir uns deshalb an *O. polyacantha* var. *erinacea*, die bei uns sehr beliebt ist.
So variabel wie die Bedornung ist, so variabel sind auch die Blüten: dank des Züchterfleißes Gelb, Rosa und Rot in allen Nuancen.
Die Triebsegmente sind kreisrund bis eiförmig-oval; auf eng stehenden Areolen mit gelblichen Glochiden sitzen nadelförmige, oftmals nach unten gerichtete Dornen. Die niedrig bleibenden Pflanzen bilden im Laufe der Jahre dichte polsterartige Gruppen mit 40–50 cm Durchmesser.
Verbreitung: Im Westen der USA weitverbreitet.
Pflege: Absolut vollsonniger, schattenfreier Standort in leichter Südhanglage. Überwiegend durchlässiges mineralisches Substrat mit guter Dränage. Damit die dichtbedornten Triebsegmente stets gut abtrocknen können, sollte man regelmäßig Laub und Unkräuter entfernen.
Blütezeit: In den Monaten Juni und Juli erscheinen die Blüten, anschließend bilden sich ungewöhnlich kräftig bedornte Früchte.
Vermehrung: Durch Bewurzelung von ausgereiften, nach der Blühphase geschnittenen Triebsegmenten, die möglichst bis Ende Juli gesteckt werden.
Schädlinge: Auch diese dicht bedornte *Opuntia* wird gelegentlich von Schnecken heimgesucht.
Winterhärte: Ohne jeden Regenschutz bis zu –20 °C, mit Regenschutz bis –30 °C.

Als *Opuntia polyacantha* var. *erinacea* erworben. Hübsch blühende, klein bleibende, harte Art!

Pediocactus bradyi
L. D. Benson

⬆ 2–6 ☼ ✿ 1,5–3 ☞ **S**

Allgemein: Diese Art ist nicht häufig in den Sammlungen vertreten. Eigentlich schade, denn sie ist bei richtiger Pflege recht robust.

Pediocactus bradyi, eine kleine, oft kaum aus der Erde schauende Pflanze, die nur selten im Handel ist. Nur für wirklich erfahrene Sammler und Kenner mit entsprechenden Voraussetzungen!

Die kleinen, meist nahezu kugeligen Pflanzen sitzen oftmals so tief im Boden, dass nur die oberen 1 oder 2 cm herausschauen. Da die Mitteldornen meist völlig fehlen, trägt diese Art nur die weißlichen Randdornen.
Pediocactus bradyi gehört nur in die Hände von erfahrenen Sammlern, denn diese Art nimmt Pflegefehler sehr übel und die meisten Fehler lassen sich nicht mehr revidieren und können deshalb zum finalen Verlust der Pflanze führen.
Verbreitung: Verbreitet ist *P. bradyi* in den USA im nördlichen Arizona im Gebiet des Marble Canyon am Colorado River, er gedeiht dort in Höhen von 900–1 300 m ü. d. M.
Pflege: Eine Pflanze nur für Kenner und sehr erfahrene Kakteenfreunde! *O. bradyi* wird in der warmen Jahreszeit bei längerer Trockenzeit etwas gegossen, aber in längeren und kühlen Regenphasen keinesfalls! Der Standort muss unbedingt absolut vollsonnig und völlig schattenfrei sein. Die oberen 4 cm der Substratschicht müssen rein mineralisch und zusätzlich muss eine gute Dränage vorhanden sein. Laub und Unkräuter regelmäßig entfernen und zu stark wuchernde Begleitpflanzen in Schach halten.
Blütezeit: Bereits Anfang Mai und bei vollsonnigem Standort kann diese Art ihre gelblichen bis rosafarbenen Blüten öffnen, die einen Durchmesser von 1,5–3 cm haben können.
Vermehrung: Nur durch Aussaat.
Schädlinge: Schnecken und manchmal auch Ameisen, die kleinere Kakteen unter ihrer »Burg« an einem sonnigen Hang begraben.
Winterhärte: Mit guter Dränage an einem vollsonnigen Standort bis –12 °C winterhart und mit Regenschutz oder in einem unbeheizten Kalthaus bis zu –25 °C.

Pediocactus peeblesianus

(Croizat) L. D. Benson

⬆ 1–8 ☼ ✿ 2–3 ☞ S

Allgemein: Eine in Sammlungen eher selten anzutreffende Art, die üblicherweise nur 1–2 cm die Bodenoberfläche überragt. Das hier gezeigte Exemplar ist auf eine gut wüchsige, robuste Unterlage gepfropft und hat sich deshalb zu ungewöhnlicher Größe und Schönheit entwickelt. Die Art ist mittlerweile auch an den heimatlichen Standorten sehr selten geworden und gehört deshalb nur in die Hände von sehr erfahrenen Kakteenfreunden. *P. peeblesianus* ist im Anhang I von CITES gelistet.
Verbreitung: Beheimatet in den USA, wächst *P. peeblesianus* im Norden Arizonas auf beiden Seiten des Grand Canyon in Höhen bis zu 1800 m ü. d. M.
Pflege: In der warmen Jahreszeit bedarf diese Art eigentlich keinerlei Pflege. Man sollte lediglich darauf achten, dass sie immer genügend Freiraum hat und nicht von Begleitpflanzen überwuchert wird. Der Standort sollte unbedingt absolut vollsonnig und schattenfrei sein. Ideal wäre eine leichte, etwas geschützte Südhanglage in überwiegend mineralischem Substrat mit ausgezeichneter Dränage. Die oberen 5 cm der Substratschicht sollten dagegen rein mineralisch sein!
Blütezeit: Je nach Standort zwischen Ende Mai bis Mitte Juli. Die meist gelblichen Blüten erreichen einen Durchmesser von etwa 2,5 cm. *P. peeblesianus* blüht in meiner Sammlung grundsätzlich nur im Freien und bisher nicht im Gewächshaus.
Vermehrung: Nur durch Aussaat.
Schädlinge: Schnecken und manchmal auch Ameisen, die kleinere Kakteen unter ihrer »Burg« begraben können. Bitte beachten, ansonsten kann das zum kompletten Verlust der Pflanze führen!
Winterhärte: Mit Regenschutz und an einem trockenen Standort bis zu –25 °C.

Pediocactus peeblesianus aus dem Norden Arizonas – nur für erfahrene Kakteensammler!

Pediocactus simpsonii
(Engelmann) Britton & Rose

⬆ 4–8 ☼ ✿ 2–3 ☞ **S**

Allgemein: Eine weitere Rarität! Dieser kleine Kaktus wurde zwar bereits im Jahre 1863 als *Echinocactus simpsonii* beschrieben, gehört heute aber zu der 1913 erstellten Gattung *Pediocactus*. Die in ihrer Heimat weitverbreitete, sehr variable Art, hat zu mehreren Varietäten geführt. Die Standorte einiger dieser Varietäten befinden sich in Höhenlagen bis zu 2000 m ü. d. M. In diesen Hochebenen mit spärlichem Hartgrasbewuchs und niedrigem Dornengestrüpp betragen die jährlichen Niederschläge selten mehr als 250–300 mm. Bei diesen geringen Regen- oder Taumengen kann die Erde wohl kaum durchdringend Nässe aufnehmen. Die dort wachsenden Kakteen sind wahre Überlebenskünstler.

Weitverbreitet und deshalb sehr variabel in Bedornung und Habitus: *Pediocactus simpsonii.*

Verbreitung: Im Westen der USA (Arizona, New Mexico, Wyoming, Colorado, Montana, South Dakota, Utah, Idaho).

Pflege: Der sonnigste und wärmste Platz in einem regengeschützten, völlig schattenfreien Kakteen-Steingarten in überwiegend mineralischem Substrat wäre ideal. Zu beachten ist, dass diese Art frei stehen sollte und nicht von rasch wachsenden Begleitpflanzen überwuchert werden darf. Nur bei völligem Regenschutz von Ende April bis Anfang September alle vier Wochen etwas gießen – in der restlichen Zeit unbedingt trocken halten.

Blütezeit: Die Blütezeit variiert je nach Standort von Juni bis August. In dieser Zeit erscheinen bei guter Pflege die bis zu 2,5 cm breiten, weißen, gelben, rosa- oder auch mitunter magentafarbenen Blüten, die allesamt in der Scheitelregion sitzen.

Vermehrung: Üblicherweise durch Aussaat. Sollten sich im Laufe der Jahre größere Gruppen bilden, ist auch eine vorsichtige Teilung möglich.

Schädlinge: Gelegentlich Schnecken oder auch größere Ameisenburgen.

Winterhärte: Mit gutem Regenschutz und auf eigenen Wurzeln bis zu –17 °C, gepfropfte Pflanzen bis zu –20 °C.

Pterocactus tuberosus
(Pfeiffer) Britton & Rose

⬆ 6–10 ☼ ✿ 3–5 ☞ S

Allgemein: *Pterocactus tuberosus* bildet eine knollige Wurzel mit mehreren zylindrischen, kriechenden bzw. leicht aufgerichteten ungehöckerten bräunlichen Trieben. Die etwa 0,5–1 cm dicken Triebe tragen nur relativ kurze weißliche Dornen. Ein sehr ungewöhnlicher Kaktus!

Verbreitung: Der in vielen Gebieten Argentiniens (von Salta bis Neuquèn und Rio Negro) verbreitete Kaktus wächst in Höhen bis zu 1800 m ü. d. M.

Pflege: Ein schattenfreier, vollsonniger Standort an einem nach Süden geneigten Hang wäre der ideale Standort. Überwiegend mineralisches und sehr durchlässiges Substrat mit sehr guter Dränage. Die oberen 4–5 cm der Substratschicht sollten rein mineralisch sein.

Blütezeit: Die zitronen- bis bräunlichgelben, etwa 4 cm breiten Blüten erscheinen in sehr heißen Jahren in den Monaten Juni und Juli, selten auch noch im August.

Vermehrung: Durch Aussaat oder auch – mit viel Geduld – durch Stecklinge.

Schädlinge: Schnecken

Winterhärte: Mit Regenschutz und an trockenem Standort bis zu –20 °C. Falls Triebe von *Pterocactus tuberosus* zurückfrieren, sollten sie sauber abgeschnitten werden. Möglicherweise treibt dann die knollige Wurzel wieder neue Triebe aus.

Weitere empfehlenswerte Art: *P. hickenii.*

Bei trockenem, sonnigem Winterstandort ungewöhnlich frosthart: *Pterocactus tuberosus.*

Sclerocactus parviflorus, eine im Südwesten der USA sehr verbreitete Art. Nur für Spezialisten!

Sclerocactus parviflorus
Clover & Jotter

⬆ 6–10 ☼ ✿ 4–5 ☞ S

Allgemein: In Höhen von 2000 m und mehr findet man die Standorte dieser herrlich bedornten Pflanze in rotem Sandboden bzw. in halbaridem Grasland sowie in Kiefern-Wacholder-Formationen. Die Art variiert dabei sehr stark in Bedornung, Blütenfarbe und Habitus. Beschrieben sind zahlreiche Varietäten, Unterarten und Standortformen.
Verbreitung: Im Südwesten der USA (Utah, Colorado, Arizona und New Mexico) ist dieser wunderschöne Kaktus beheimatet.
Pflege: Ein vollsonniger, nach Süden ausgerichteter, geschützter Standort in sehr durchlässigem mineralischem Substrat mit guter Dränage. *S. parviflorus* muss immer wieder abtrocknen können, deshalb sind Laub und Wildwuchs stets zu entfernen und stark wachsende Begleitpflanzen sollte man rechtzeitig reduzieren.
Blütezeit: Üblicherweise Juni und Juli. In meiner Sammlung hat sich die Blütezeit bei einigen Exemplaren in den Zeitraum Ende Juli bis Anfang August verschoben – möglicherweise wegen eines anderen Standortes. Bis zu 5 cm Durchmesser erreichen die purpur- bis rosafarbenen Blüten, es sind aber auch gelbliche und weißliche Blüten bekannt.
Vermehrung: Aussaat
Schädlinge: Bislang konnte ich keine Schäden durch Schädlinge feststellen.
Winterhärte: Bei sorgfältigem Regenschutz und trockenem Standort Wintertemperaturen bis –25 °C problemlos.

Sclerocactus polyancistrus
(Engelmann & J. M. Bigelow) Britton & Rose

⬆ 6–12 ☼ ✿ 4–5 ☞ S

Allgemein: Ebenfalls ein sehr ungewöhnlicher, variabler und in den Sammlungen nicht häufiger Kaktus mit erstaunlicher Winterhärte! *S. polyancistrus* (= lat. vielhakig, mit vielen Widerhaken) wächst dort auf steinigen, mineralischen Böden und in halbaridem Grasland. Die meist einzeln wachsenden, herrlich bedornten Pflanzen können durchaus 30 cm Höhe und 10 cm Durchmesser erreichen. Meistens bleiben sie in unseren Sammlungen erheblich kleiner.
Verbreitung: Im Südwesten der USA (Südost-Kalifornien, Südwest-Nevada) liegen die heimatlichen Standorte überwiegend in Höhen zwischen 700 und 2200 m ü. d. M.
Pflege: Geschützter, vollsonniger Standort in leichter Südhanglage in durchlässigem, mineralischem Substrat mit sehr guter Dränage ist für *Sclerocactus polyancistrus* absolut notwendig. Der besonders empfindliche Wurzelhals muss stets gut abtrocknen können.
Blütezeit: In heißen und trockenen Sommern blüht *S. polyancistrus* meist im Juli. Die rosapurpur- bis magentafarbenen Blüten erreichen etwa 4–5 cm Durchmesser.
Vermehrung: Aussaat
Schädlinge: Bislang keinerlei Schäden durch Schädlinge festgestellt.
Winterhärte: An einem absolut trockenen Winterstandort und mit gutem Regenschutz bis zu –20 °C.

Bitte unbedingt beachten

Viele *Pedio-* und *Sclerocactus*-Arten wurden an ihren Heimatstandorten als gefährdet eingestuft und wurden deshalb auf den Anhang I von CITES gesetzt. Deshalb sollten Kakteenfreunde mit noch nicht ausreichender Erfahrung auf die Kultur dieser seltenen Pflanzen verzichten! Alternativ kann man mit erfahrenen Kakteenfreunden zusammenarbeiten, die wertvolle und sinnvolle Tipps für eine erfolgreiche Kultur dieser gefährdeten Kakteen geben können.

Bei trockener, vollsonniger Überwinterung erstaunlich robust: *Sclerocactus polyancistrus*.

Die besten Begleitpflanzen

Nicht nur Kakteen kommen mit den widrigsten Umweltbedingungen zurecht. In diesem Kapitel finden Sie ein Auswahl von Pflanzen, die den Kakteen in nichts nachstehen und einen idealen Rahmen bilden.

Agave inaequidens
Koch (Syn.: *Agave megalacantha* Hemsley)

⬆ 18–25 ☼ ✿ bis 150 ☞ F

Allgemein: Eine wunderschöne Agave, die trotz ihrer Herkunft bei uns winterhart ist, wenn man einige relevante Maßnahmen beachtet. Die stammlose Rosette mit 20–25 Blättern erreicht am heimatlichen Standort bis zu 45 cm Durchmesser, in unseren Sammlungen jedoch bestenfalls 20–25 cm. Die sukkulenten Blätter sind grau- bis bläulich-grün und besitzen spitze braune, hakig gekrümmte Randdornen sowie einen harten, braunen Enddorn an der Blattspitze. Je älter diese Agave wird, desto schöner und vollkommener ist ihr Wuchs.

Agave inaequidens (früher: *A. megalacantha)* liebt einen geschützten sonnigen Standort.

Verbreitung: Mexiko (Guadalajara, Jalisco, Pedregal).

Pflege: Vollsonniger, schattenfreier, nach Süden geneigter Standort in überwiegend mineralischem Substrat mit guter Dränage. Zusätzliches Gießen ist nur bei Jungpflanzen notwendig, denn ältere Exemplare haben ein ausreichend verzweigtes Wurzelsystem, sodass normale Niederschläge völlig ausreichend sind. In der kalten Jahreszeit sollte diese Art stets gut abtrocknen können.

Blütezeit: Es kann durchaus 20–25 Jahre dauern, bis *A. inaequidens* blüht – und auch dann nur an einem optimalen Standort. Die Blütenrispe mit ihren gelblichen Infloreszenzen wird bis zu 1,50 m hoch. Nach der Blüte geht die Mutterpflanze ein, aber sie bildet meist Ausläufer.

Vermehrung: Durch seltene Ausläufer oder Aussaat.

Schädlinge: Nur sehr selten wurden Schäden durch Schneckenfraß festgestellt.

Winterhärte: Ohne Regenschutz bis –20 °C und mit Regenschutz bis –25 °C.

Weitere empfehlenswerte Arten: *A. havardiana, A. lechuguilla, A. palmeri, A. schottii.*

Agave parryi
Engelmann

⬆ 15–25 ☼ ✿ bis 500 ☞ **F**

Allgemein: In den von dieser Art in der Heimat besiedelten Höhenlagen, etwa 1200–2500 m ü. d. M., betragen die jährlichen Niederschläge lediglich 500–1000 mm. Die Standorte sind überwiegend steinig, felsig und mineralisch in Hanglagen und halbaridem Grasland.
Die Rosetten der oftmals gruppenförmig wachsenden *A. parryi* können durchaus 70 cm Durchmesser erreichen, in Sammlungen sind schon 40 cm allerdings recht selten anzutreffen. Die steifen, breit länglichen, spitzen Blätter mit den braunen, etwas nach innen gekrümmten Randdornen und einem bis 3 cm langen Enddorn sind bläulich grau bereift. Größere und ältere Exemplare können mitunter mehr als 100 Blätter bilden.
Verbreitung: Das Verbreitungsgebiet dieser wunderschönen Agave erstreckt sich vom Norden Arizonas über etwa 800 km entlang der Sierra Madre Occidental und über Chihuahua bis nach Durango. Weitere Vorkommen sind aus der Umgebung von San Luis de la Paz in Guanajuato bekannt.
Pflege: Eine besonders frostharte Agave, die aber dennoch einen vollsonnigen und schattenfreien Standort an einem nach Süden ausgerichteten Hang wünscht. Überwiegend mineralisches, durchlässiges Substrat mit guter Dränage.
Blütezeit: Der Blütenstand mit mehreren Hundert Blüten kann nahezu 5 m erreichen. Oftmals beginnt das Wachstum des Blütenstandes bereits im April und hat dann bemerkenswerterweise bereits Ende Juli seine Endhöhe erreicht. In mehreren Sammlungen hat diese Agave bereits geblüht, so auch im Botanischen Garten der Universität Tübingen.
Vermehrung: Durch Aussaat oder durch Abtrennung von gut entwickelten Ausläufern.
Schädlinge: Jungpflanzen können Probleme mit Schnecken haben.
Winterhärte: Ohne Regenschutz bis –22 °C und mit Regenschutz bis zu –27 °C.

Ein sonniger, geschützter, nach Süden ausgerichteter Standort wäre ideal für *Agave parryi*.

Agave toumeyana var. *bella*
Breitung

⬆ 6–10 ☼ ✿ bis 100 ☞ **F**

Allgemein: Eine wunderschöne, klein bleibende und meist gruppenbildende Agave, die an den Heimatstandorten dichte, vielblättrige Rosetten bis zu 30 cm Durchmesser bildet, während in unseren Sammlungen selten mehr als 15 cm Durchmesser erreicht werden. Die harten, mittelgrünen, schmal lanzettlichen Blätter tragen oberseits eine unregelmäßige weiße Zeichnung, an den Rändern bilden sich zahlreiche weiße, sich lösende Fäden.
An den heimatlichen Standorten wächst *A. toumeyana* var. *bella* auf überwiegend steinigem, mineralischem Gelände und in freiem, halbaridem Grasland bis in Höhen von 2000 m ü. d. M.
Verbreitung: Im südlichen Arizona in einigen Gebieten weit verbreitet.
Pflege: Vollsonniger Standort in leichter Südhanglage in überwiegend mineralischem, gut durchlässigem Substrat mit guter Dränage.
Blütezeit: Wie bei anderen Agaven auch, so bildet sich der Blütenstand im zeitigen Frühjahr und kann eine Höhe von etwa 1 m erreichen. Diese gelblichen Infloreszenzen sind etwa 10 bis 15 mm lang. In meiner Sammlung haben einige Exemplare bereits nach 10–12 Jahren geblüht. Diese Art scheint selbstfertil zu sein, denn ich konnte mehrfach gut keimfähiges Saatgut ernten.
Vermehrung: Durch Aussaat oder durch Abtrennung und Kultivierung gut entwickelter Ausläufer.
Schädlinge: Bislang sind mir keinerlei Schädlinge bekannt.
Winterhärte: Obwohl diese Agave in einigen Berichten als sehr heikel eingestuft wurde, steht sie in meiner Sammlung bis zu –25 °C ungeschützt im Freien und bildet dort herrliche Gruppen.

Wohl die kleinste und schönste der winterharten Agaven ist *Agave toumeyana* var. *bella*.

Agave utahensis
Engelmann

⬆ 10–25 ☼ ✿ bis 160 ☞ **F**

Allgemein: An den heimatlichen Standorten können die Ausläufer bildenden Agaven einen Durchmesser von 30–70 cm erreichen. Die besonders steifen, bläulich grünen Blätter werden bis zu 30 cm lang. Auffallend ist ein bis zu 3 cm langer, stark stechender Enddorn.
Verbreitung: Beheimatet ist diese enorm variable Agave in den US-Staaten Arizona, Utah und Kalifornien. Es soll sich hier um die Varietät oder Übergangsform *A. utahensis* var. *kaibabensis* handeln, die etwas schlankere Blätter hat.
Pflege: Eigentlich benötigt diese Agave keine besondere Pflege, wenn man ihr einen ganzjährig vollsonnigen, schattenfreien und gut dränierten Standort in leichter Südhanglage geben kann. Das Substrat sollte überwiegend mineralisch und gut durchlässig sein, damit Staunässe generell vermieden wird.
Blütezeit: Diese Agave bildet auch im zeitigen Frühjahr ihren Blütenstand, der dann im Sommer seine Endhöhe erreicht hat. Meines Wissens blüht diese Agave in unseren Breiten nur sehr selten.
Vermehrung: Durch Aussaat oder durch Abtrennung gut entwickelter Ausläufer.
Schädlinge: Bislang sind mir keinerlei Schädlinge bekannt.
Winterhärte: Ohne jeden Regenschutz hält diese Agave in meiner Sammlung in 500 m ü. d. M. bis zu –20 °C aus. Mit Regenschutz oder in einem unbeheizten Kalthaus bis zu –30 °C.

Agave utahensis wird an sonnigem, etwas geschütztem Standort bei uns bis zu 50 cm breit.

Aptenia cordifolia
(L. f.) Schwantes

⬆ 7–8 ☼ ✿ 2–3,5 ☞ A

Allgemein: Eine wunderschöne klein bleibende, nur etwa 7–8 cm hohe Sukkulente, die in der Literatur auch unter *Mesembryanthemum cordifolium* zu finden ist. Die rasch wachsende *Aptenia cordifolia* bildet größere Gruppen mit etwa 2,5 cm großen, hellgrünen, ovalen bis herzförmigen, sukkulenten Blättern. Im Handel wird noch eine Variegata-Form mit grünlich-weißen Blatträndern angeboten.
Verbreitung: Südafrika
Pflege: Ein vollsonniger und schattenfreier Standort in überwiegend mineralischem Substrat und in leichter Südhanglage wäre ideal. Da diese Art rasch wächst, kann sie anderen etwas empfindlicheren Pflanzen rasch zu nahe kommen. Kein Problem, mit dem Abstechen ganzer Bereiche gewinnt man Platz und gleichzeitig neue *Aptenia*-Exemplare.
Blütezeit: Die wunderschönen, auffallend purpurfarbenen Blüten erscheinen bei optimalem Standort in den Sommermonaten.
Vermehrung: Durch Aussaat, durch Stecklinge oder durch Teilung größerer Gruppen.
Schädlinge: Mitunter Schnecken.
Winterhärte: Diese Art übersteht die mitteleuropäischen Winter nur mit Regenschutz! Lediglich in besonders geschützten Gebieten (Bodensee, Rheintal, Rheingau, Pfalz, Freiburg) lässt sie sich erfolgreich überwintern. In 500 m ü. d. M. überwintere ich einige Gruppen recht trocken bis etwa –12 °C, die dann Anfang April ins Freie gesetzt werden und sich dann wieder prächtig ausbreiten.

In den östlichen Küstenwüsten Südafrikas ist *Aptenia cordifolia* sehr verbreitet. Die flach wachsende Sukkulente bildet im Sommer sehr reich wunderschöne, kleine, purpurrote Blüten.

Delosperma brunnthaleri
(A. Berger) Schwantes

⬆ 5–8 ☼ ✿ 2–2,5 ☞ A

Allgemein: Eine ungeheuer variable, polsterbildende Art. Im Laufe der Jahre wurden durch Züchtungen und auch Kreuzungen unterschiedliche Formen in den Sammlungen verbreitet. Einige dieser Formen stammen aus höher liegenden Regionen und besitzen deshalb eine gewisse Winterhärte.
Verbreitung: Im Süden Afrikas (Eastern Cape und Natal).
Pflege: Voraussetzung für gutes Gedeihen ist ein ganzjährig vollsonniger und schattenfreier Standort, möglichst in leichter Südhanglage. Sie benötigt überwiegend mineralisches Substrat und eine gute Dränage! Eine meiner Mutterpflanzen sitzt seit etwa 20 Jahren an gleicher Stelle, treibt trotz gelegentlichem Zurückfrieren immer wieder prächtig aus und zeigt eine erstaunlich große Blütenbildung.
Blütezeit: Die hell karmin- bis rosafarbenen, etwa 2–2,5 cm großen Blüten, oftmals mit etwas hellerem Blütenboden, erscheinen in den Monaten Juni bis August in großer Zahl.
Vermehrung: Durch Aussaat oder Stecklingsbewurzelung.
Schädlinge: Bislang keine bekannt.
Winterhärte: Mit winterlichem Regenschutz bis zu –25 °C.
Weitere Arten: *D. aberdeenense, D. ashtonii, D. basuticum, D. deleeuwiae, D. sutherlandii* und andere.

Delosperma brunnthaleri aus Zulu-Natal wünscht einen etwas geschützten, sonnigen Standort.

Delosperma congestum
hort. non L. Bolus

⬆ 2–4 ☼ ✿ 1,5–2 ☞ **A**

Allgemein: Ebenfalls eine sehr variable *Delosperma*-Art, die unter mehreren Namen in Sammlungen verbreitet ist. Gruppenbildende, flach wachsende Sukkulente mit bis zu 15 cm langen, dicht auf der Erde liegenden Trieben, an denen fleischige, immergrüne Blätter sitzen.
Verbreitung: Lesotho, Südafrika.
Pflege: Vollsonnige, schattenfreie und gut dränierte Standorte in überwiegend mineralischem Substrat in leichter Südhanglage. Aber auch in einem Balkonkasten oder in einer sonnig aufgestellten Schale lassen sich problemlos prächtige Exemplare ziehen.
Blütezeit: In den Frühsommermonaten erscheinen bei optimalem Standort in großer Zahl die etwa 15 mm breiten, zitronengelben, strahlenförmigen Blüten. Mitunter folgt im Frühherbst noch ein zweiter, etwas schwächerer Blütenflor.
Vermehrung: Durch Bewurzelung ausgereifter Stecklinge oder Teilung größerer Gruppen.
Schädlinge: Schnecken lieben die saftigen, sukkulenten Triebe ganz besonders.
Winterhärte: Mit guter Dränage und an einem optimalen Standort hält diese Art ohne Regenschutz bis zu –25 °C aus, mit Regenschutz bis zu –30 °C.

Ungeheuer reich blüht das aus Lesotho stammende *Delosperma congestum*. Bei vollsonnigem Standort an einem nach Süden ausgerichteten Hang kann sie sogar nochmals im Herbst blühen.

Delosperma cooperi
(Hooker fil.) L. Bolus

⬆ 4–8 ☼ ✿ 3–4 ☞ **A**

Allgemein: Die Pflanze kann am Heimatstandort vielfach mehrere Quadratmeter große Flächen überziehen. Sie bildet in ihrer Heimat niederliegende, kriechende Triebe mit 4–5 cm langen, sukkulenten, stielrunden, weichfleischigen Blättern. Auch in unseren Sammlungen können sich bei optimalem Standort attraktive Gruppen bilden.
Verbreitung: Diese mehrjährige, prächtig blühende *Delosperma*-Art ist im Oranje-Freistaat sowie in Lesotho, Süd-Afrika, verbreitet.
Pflege: Ein ganzjährig vollsonniger, schattenfreier Standort in leichter Südhanglage wäre ideal, wenn dann noch überwiegend ein mineralisches, gut durchlässiges Substrat mit guter Dränage verwendet wird, kann sich *D. cooperi* wohlfühlen.
Blütezeit: Üblicherweise erscheinen von Juni bis in den August hinein die wunderschönen, etwa 3 cm breiten strahligen, karminroten Blüten in großer Zahl. Je sonniger, desto zahlreicher die wunderschönen strahlenförmigen Blüten, die gerne von Bienen besucht werden.
Vermehrung: Am besten durch Bewurzelung ausgereifter Stecklinge oder durch Teilung größerer Gruppen.
Schädlinge: Gelegentlich Schnecken.
Winterhärte: Einige Formen von *D. cooperi* sind empfindlich gegen Nässe – ausprobieren empfiehlt sich! Andere, besonders hart gehaltene Formen trotzen ohne Regenschutz, doch mit guter Dränage auch Temperaturen bis zu –22 °C, mit Regenschutz bis zu –27 °C.

***Delosperma cooperi*, aus Lesotho und Oranje, blüht von Juni bis August nahezu pausenlos.**

Delosperma nubigenum
(Schlechter) L. Bolus

⬆ 3–4 ☼ ✿ 3–4 ☞ A

Allgemein: Sehr nahe verwandt mit *D. congestum* ist diese Art, die in ihrer Heimat in Höhen bis über 2500 m und mehr wächst, wo mitunter intensive Fröste herrschen, die somit auch eine gewisse Winterhärte in unseren Breiten garantieren. *D. nubigenum* bildet 3–4 cm hohe, sehr niedrige, flach wachsende Polster mit hellgrünen, sukkulenten Blättern. In den Sammlungen sind mittlerweile verschiedene Formen, Sorten und Züchtungen mit verschiedenen Blütenfarben in Gelb und in Weiß verbreitet. Standort-Wildformen dürften sich nur selten in Kultur befinden. Von verschiedenen Staudengärtnereien wird wohl meist die bei uns unfruchtbare Sorte 'Lesotho' angeboten, die den Vorteil hat, dass sie nicht nur blühfreudiger, sondern auch etwas frostfester ist.

Delosperma nubigenum aus der bergigen Gegend um Lesotho hat etwas größere Blüten.

Verbreitung: Lesotho

Pflege: Der Standort sollte absolut vollsonnig und schattenfrei sowie an einem nach Süden ausgerichteten Hang, in einem Steingarten oder auch an einer Trockensteinmauer sein. In überwiegend mineralischem Substrat mit guter Dränage hält *D. nubigenum* gut durch. Wichtig ist, dass Staunässe unbedingt vermieden wird und dass Laub und Unkräuter regelmäßig entfernt werden. In nassen und besonders strengen Wintermonaten können die Pflanzen zurückfrieren, sie treiben aber oftmals wieder gut aus.

Blütezeit: Je nach Standort können die 3–4 cm breiten gelben Blüten von Juni bis Juli erscheinen, aber die eigentliche Blütezeit beträgt normalerweise nur etwa zwei Wochen. Auch die Zahl der Blüten ist oftmals etwas geringer.

Vermehrung: Durch Bewurzelung von ausgereiften Kopfstecklingen oder durch Teilung größerer Gruppen.

Schädlinge: Sehr beliebt bei Schnecken!

Winterhärte: Bei vollsonnigem Standort ohne Regenschutz bis zu –22 °C und mit Regenschutz bis zu –27 °C. In der kalten Jahreszeit nehmen die sukkulenten Blätter oftmals einen schmutzig bräunlichen Farbton an.

Echeveria agavoides
Lemaire

⬆ 6–10 ☼–◐ ✿ bis 30 ☞ F

Allgemein: Die wunderschöne stammlose, oftmals auch sprossende *Echeveria* ist eine variable robuste Art. Sie bildet feste, bis zu 18 cm breite, dichtblättrige Rosetten mit grünen, bräunlich oder rotbraun gespitzten Blättern.
Verbreitung: San Luis Potosí, Mexiko.
Pflege: Diese *Echeveria* ist nicht winterhart, aber sie verträgt bei vollsonnigem Standort in überwiegend mineralischem Substrat in Südhanglage erstaunliche Fröste, sofern man für eine gute Dränage gesorgt hat, denn Staunässe verträgt sie nicht.
Blütezeit: Je nach Standort erscheinen die etwa 30 cm hohen Rispen mit rötlichen Blüten in den Frühsommermonaten oder manchmal auch im Herbst.
Vermehrung: Durch Blattstecklinge oder ausgereifte und gut entwickelte Seitensprosse.
Schädlinge: Schnecken
Winterhärte: Bei trockenem und geschütztem Standort oder in einem unbeheizten Kalthaus bis zu –22 °C. Nässe in Verbindung mit Frost hält diese *Echeveria* nicht aus.

Mit Regenschutz oder in einem Kalthaus zeigt diese *Echeveria agavoides* eine erstaunliche Winterhärte, sofern sie absolut trocken und sonnig überwintert wird.

Graptopetalum paraguayense
(N. E. Brown) E. Walther

⬆ 15–25 ☼–◐ ✿ bis 15 ☞ F

Allgemein: *Graptopetalum paraguayense* bildet niederliegende Rosetten mit bis zu 15 cm Durchmesser. Die graugrünen, sukkulenten Blätter nehmen bei vollsonnigem Standort gerne einen leicht purpurfarbenen Ton an, was die Schönheit der Art unterstreicht.
Verbreitung: Die eigentliche Heimat dieser wunderschönen und erstaunlich frostharten Art soll Mexiko sein. Da *G. paraguayense* aber auch in anderen Gebieten gefunden wurde, scheint eine Verwilderung nicht ausgeschlossen.
Pflege: In meiner Sammlung wird diese hübsche Art ganzjährig im Freien, aber mit Regenschutz kultiviert. Die meist trockenen Standorte sind vollsonnig in überwiegend mineralischem Substrat, aber auch in Mischungen mit starkem Lehmanteil. Gegossen wird nur bei Bedarf und in der warmen Jahreszeit.
Blütezeit: In den Sommermonaten erscheinen die etwa 10–15 cm hohe Blütenstände mit weißlichen oder auch rosafarbenen Blüten.
Vermehrung: Durch Blattstecklinge oder Bewurzelung vollständiger Rosetten.
Schädlinge: Gelegentlich Schnecken.
Winterhärte: Mit gutem Regenschutz in der frostigen Zeit oder im unbeheizten Kalthaus bis –25 °C.

Graptopetalum paraguayense ist bei den winterharten Sukkulenten noch sehr selten. Bei sonnigem und trockenem Winterstandort bilden sich im Frühsommer die Blütenrispen.

Lewisia cotyledon
(Wats.) Robins.

⬆ 5–10 ☼–◐ ✿ bis 25 ☞ **F**

Allgemein: Lewisien, auch als Bitterwurz bekannt, haben ihren Einzug in die Sammlerherzen erst Mitte des 19. Jahrhunderts begonnen. *L. cotyledon* ist eine wunderschöne immergrüne Art, die hier beispielhaft für die nahezu unzähligen Zuchtformen stehen soll, die immer wieder im Handel angeboten werden. Lewisien lassen sich ausgezeichnet mit winterharten Kakteen und anderen Begleitpflanzen kombinieren. Die dichten Rosetten werden nur etwa 20 cm breit.
Verbreitung: USA in den Höhenlagen des nördlichen Kaliforniens in bis 2200 m ü. d. M.
Pflege: Sehr sonnige Standorte in nahezu rein mineralischem Substrat mit hohem Lavaanteil. Eine gute Dränage ist wichtig und hilft Staunässe zu vermeiden! An den heimatlichen Standorten sind die Hochsommer- und Herbstmonate weitgehend niederschlagsarm, während die Frühsommermonate eher mit Niederschlägen gesegnet sind.
Blütezeit: Die eigentliche Blütezeit reicht von April bis Juli. Auf etwa 20–25 cm hohen Rispen bilden sich weiße, rosa oder auch lachsfarbene, etwa 2 cm breite Blüten mit weißen Streifen.
Vermehrung: Durch Aussaat im Frühjahr oder – wenn vorhanden – durch ausgereifte Seitentriebe.
Schädlinge: Selten Schnecken.
Winterhärte: Lewisien sind zwar weitgehend winterhart, aber man muss darauf achten, dass viele *Lewisia*-Hybriden und auch die immergrünen Arten sehr empfindlich auf Nässe reagieren – vor allem in der Winterzeit. An ungünstigen, besonders niederschlagsreichen Standorten empfiehlt sich deshalb ein Regenschutz. Ohne Regenschutz vertragen sie Temperaturen bis −17 °C und mit Regenschutz bis zu −25 °C.
Weitere Arten: *L. brachycalyx, L. cantelovii, L. columbiana, L. congdonii, L. disepala, L. kelloggii, L. leana, L. longipetala, L. maguirei, L. nevadensis, L. oppositifolia, L. pygmaea, L. rediviva, L. serrata, L. sierrae, L. stebbinsii, L. triphylla, L. tweedyi.*

Herrliche frühsommerliche Blüten bildet die in Kalifornien verbreitete *Lewisia cotyledon*.

Orostachys iwarenge
(Makino) Hara

⬆ 4–8 ☼–◐ ✿ bis 20 ☞ F

Allgemein: Die Art ist in anderer Literatur auch unter *Orostachys malacophylla* var. *iwarenge* zu finden. Eine weitverbreitete Art mit hellgrauen bis blaugrauen, sukkulenten Blättern, die zu lockerer Rosettenbildung in größeren Gruppen neigt. Bei intensiver Sonneneinstrahlung können die spatelig-länglichen, glanzlosen Blätter einen leicht rötlichen Ton annehmen. Obwohl die einzelnen Rosetten mitunter nicht sehr langlebig sind, können sich wunderschöne und sehr attraktive große Gruppen bilden. *O. iwarenge* gehört zu den monokarpen bzw. hapaxanthen Pflanzen, die ihre Individualentwicklung mit der einmaligen Frucht- und Samenbildung endgültig beenden.

Orostachys iwarenge, eine aus China stammende, in den Herbstmonaten blühende Art.

Verbreitung: Japan und China.

Pflege: *O. iwarenge* liebt einen sonnigen Standort in überwiegend mineralischem Substrat. Ein Steingarten mit durchlässigem Substrat, ein Alpinum oder auch eine fugenreiche Mauerkrone kann für diese *Orostachys*-Art ideal sein. Aber auch ein Balkonkasten oder eine dekorative Schale ist ein guter Standort. Wichtig: Staunässe unbedingt vermeiden!

Blütezeit: Aus den erwachsenen Rosetten schieben sich in den Sommermonaten bis zu 20 cm hohe Triebe mit zahlreichen Blütenknospen, die sich in den Spätsommerwochen als kleine gelbliche Sternblütchen öffnen. Nach der Blütenbildung wird die Frucht mit dem Samen gebildet, während die jeweilige Rosette abstirbt (siehe unter monokarpe bzw. hapaxanthe Pflanzen).

Vermehrung: Am besten durch Abtrennung von gut entwickelten Einzel- oder Tochterrosetten.

Schädlinge: Leider zieht *O. iwarenge* immer wieder Schnecken an, solange noch etwas von der Pflanze vorhanden ist.

Winterhärte: Mit guter Dränage hält *O. iwarenge* ohne Regenschutz Temperaturen bis –20 °C aus, mit Regenschutz oder im unbeheizten Kalthaus bis zu –25 °C.

Weitere empfehlenswerte Art: *O. aggregata.*

Orostachys spinosa
(Linné) C. A. Meyer

⬆ 3–5 ☼–◐ ✿ bis 35 ☞ **A**

Allgemein: Eine wunderschöne, kleine gruppenbildende Sukkulente. Sie bildet eine dichte, vielblättrige Rosette, die durchaus einen Durchmesser von 8–10 cm erreichen kann. Sie bildet linealische bis spatelige, bläulichgrüne Blätter mit weicher borstiger Spitze.

Im Handel sind noch weitere Sorten, wie z. B. eine rötlichblättrige Form, die besonders kleine Sorte 'Minor', die Sorte 'Altai' und andere erhältlich. Sie gehören alle zu *O. spinosa*, was die enorme Bandbreite der Art unterstreicht.

Verbreitung: Ost-Sibirien, im Süd-Ural, in der Mongolei und in der Mandschurei, im Altai-Gebirge, im Thianshangebiet, im Westen Tibets sowie östlich des Pamir-Gebirges in Höhen über 4 000 m auf steinigen Geröll- oder Magerwiesen.

Pflege: *Orostachys spinosa* wünscht einen sehr sonnigen Standort in einem Steingarten. Am besten wählt man einen nach Süden abfallenden Hang, der aus lehmigen, jedoch überwiegend mineralischen Bestandteilen bestehen sollte. Diese Art eignet sich auch ausgezeichnet zur Bepflanzung von Tuffsteinen. Nur in sehr heißen, langen und besonders trockenen Sommern sollte man gelegentlich etwas gießen. Kulturprobleme mit dieser Art treten nur bei Staunässe auf. Laub und Unkräuter sind regelmäßig zu entfernen!

Blütezeit: *O. spinosa* blüht erst als mehrjährige Pflanze. Aus dem Rosettenzentrum schiebt sich dann ab Mitte Mai oder Anfang Juni ein Blütenstand von etwa 25–35 cm Höhe empor. Die winzigen, dicht gedrängten sternförmigen Blüten auf der ährenförmigen Rispe sind gelblich. Nach der Blüte stirbt die Mutterpflanze ab, aber nicht, ohne vorher für reichlich Nebenrosetten gesorgt zu haben. (Siehe auch unter *O. iwarenge*!)

Vermehrung: Am besten durch gut entwickelte, kräftige Seitensprosse, die sich reichlich bilden.

Schädlinge: Schnecken können innerhalb einer Nacht eine schöne, gesunde Pflanze vernichten.

Winterhärte: Die Winterhärte ist deutlich besser als bei *O. iwarenge*. Mit guter Dränage hält *O. spinosa* Temperaturen bis zu –25 °C aus. In sehr nassen Gebieten empfiehlt sich ein winterlicher Regenschutz!

Nach der Samenreife sterben Blütenstand und Rosette von *Orostachys spinosa* ab.

Saxifraga-Arten
Linné

⬆ 3–8 ◐ ✿ bis 25 ☞ **F**

Allgemein: Sehr arten- und formenreiche Gattung mit ein-, zwei- oder auch mehrjährigen Pflanzen, die bei Hobbygärtnern und Züchtern unter dem Begriff »Steinbrech« bekannt und sehr beliebt ist.
Einige *Saxifraga*-Arten sollen in der antiken Medizin als Mittel gegen Nieren- und Blasensteine eingesetzt worden sein. (Saxifraga: lat. saxum = Fels, Stein; frangere = brechen)

In einen Steingarten passen auch ausgezeichnet einige *Saxifraga*-Arten.

Verbreitung: Beheimatet sind *Saxifraga*-Arten überwiegend in den gemäßigten Zonen sowie den alpinen und subarktischen Regionen der nördlichen Hemisphäre.
Pflege: Sonniger Standort in einem Steingarten, aber bitte beachten, dass viele Pflanzen aus dieser Familie eher absonnige oder halbschattige Standorte wünschen. Überwiegend mineralischer Boden, möglich sind aber gut dränierte Standorte in lehmiger Erde, sofern man Staunässe vermeiden kann. Die unterschiedlichen *Saxifraga*-Arten haben auch bestimmte Standortwünsche, die man unbedingt beachten sollte, wenn sie auf Dauer erhalten werden sollen. Bei extremer Sonneneinstrahlung und langer Trockenheit können die Pflanzen vertrocknen. In diesen Fällen schattieren und zusätzlich etwas gießen oder die betreffenden Pflanzen an einen anderen Standort setzen.
Blütezeit: In den Sommermonaten schmückt sich diese *Saxifraga* mit einem wahren Blütenstrauß aus weißlichen oder zartrosafarbenen Blüten. Ein Blütenerlebnis, das einige Wochen lang anhält.
Vermehrung: Durch Aussaat oder am besten durch Teilung größerer Gruppen oder Abnahme von gut entwickelten Seitensprossen.
Schädlinge: Ameisen können ganze Steinbrechgruppen überbauen und somit in den Sommermonaten schädigen.
Winterhärte: Diese *Saxifraga*-Form ist ohne Regenschutz bis zu Temperaturen von –25 °C völlig winterhart. Andere sind etwas empfindlicher, deshalb sollte man immer entsprechend vorsichtig austesten.
Weitere empfehlenswerte Arten: *S. callosa, S. cochlearis, S. paniculata, S. cotyledon*.

Sedum acre
Linné

3–5 ☼–◐ ✿ 0,3–0,6 ☞ **A**

Allgemein: Diese kleine Sukkulente ist unter der Bezeichnung »Scharfer Mauerpfeffer« bekannt (lat. *acer* = scharf). Die in vielen Hausgärten verbreitete, zur Familie Crassulaceae gehörende Pflanze kann durch ihre Schärfe unter anderem starke Reizungen im Mund und Erbrechen auslösen. Gelegentlich werden im Handel auch einige Varietäten oder Unterarten angeboten, so z. B. *S. acre* var. *majus* (Marokko), *S. acre* subsp. *krajinae* (Slowakei) oder *S. acre* var. *microphyllum*.
S. acre ist völlig anspruchslos und wächst meist nur 3–5 cm hoch mattenartig an Abhängen, zwischen Steinen, an und auf felsigem Untergrund, an Mauern und in Steingärten. Häufig wird diese Art zusammen mit anderen dauerhaften Sukkulenten auch zur extensiven Dachbegrünung eingesetzt.
Die dicht dachziegelartig angeordneten, dreieckigen, frisch- und immergrünen, vier- bis sechszeiligen Blätter weisen trotz ihrer Kleinheit eine deutliche Sukkulenz auf.
Verbreitung: *S. acre* ist überaus variabel und im kontinentalen Europa weitverbreitet wie auch im Mittelmeergebiet, in Kleinasien, im Kaukasus und bis zum Ural.
Pflege: *S. acre* benötigt eigentlich keine Pflege, denn sie wächst nahezu auf jedem Untergrund, sowohl vollsonnig als auch halbschattig. Bei langer Trockenheit und großer Hitze können Teile von *S. acre* vertrocknen, aber die Pflanze regeneriert sich schnell und bildet bei entsprechender Witterung bald wieder geschlossene Matten.
Blütezeit: Die leuchtend gelben, sternförmigen Blüten erscheinen im Juni und Juli.
Vermehrung: *S. acre* vermehrt sich extrem stark durch Selbstaussaat und kleinere Triebstücke, aber auch eine Teilung größerer Gruppen ist möglich.
Schädlinge: Ameisen
Winterhärte: Absolute Winterhärte bis zu –30 °C, sofern *S. acre* nicht über längere Zeit im Wasser steht.
Weitere empfehlenswerte Arten: *S. alboroseum, S. aizoon, S. anacampseros, S. cyaneum, S. ewersii, S. floriferum, S. gracile, S. gypsicolum, S. hispanicum, S. kamtschaticum, S. oreganum, S. pilosum, S. populifolium, S. rubrotinctum, S. sediforme, S. tatarinowii, S. ternatu*.

In ganz Europa ist *Sedum acre* verbreitet. Die Hauptblütezeit liegt im Sommer.

Sedum album
Linné

⬆ 6–10 ☼–◐ ✿ 0,3–0,5 ☞ **A**

Allgemein: Diese sehr variable, völlig anspruchslose Art ist auch als »Weißer Mauerpfeffer« bekannt. Die sehr große, Polster bildende, rasenförmig wachsende Sukkulente mit kriechenden Trieben wird nur etwa 6–10 cm hoch und besitzt 5–12 mm lange, wechselständige, walzenrunde bis keulenförmige, an der Oberseite etwas abgeflachte Blätter, die dunkelgrün und bei vollsonnigem Standort auch mehr oder weniger rötlich sein können – je trockener und sonniger der Standort, desto intensiver der Rotton der Triebe.
Auch *Sedum album* wird immer wieder mit großem Erfolg zur extensiven Dachbegrünung eingesetzt, weil diese Art ebenfalls eine enorme Regenerationsfähigkeit besitzt.
Verbreitung: In Europa ebenso beheimatet wie im gesamten Mittelmeergebiet, in Nordafrika und in Sibirien.
Pflege: Diese Art ist mit nahezu jedem Standort und jedem Substrat zufrieden. Am schönsten entwickelt sich *S. album* in einem vollsonnigen Steingarten oder an oder auf einer Trockenmauer. Im Schutze größerer *Sedum album*-Polster siedeln sich leider auch gerne die Quecke oder die eine oder andere Wicke an, die stets rechtzeitig entfernt werden sollten.
Die Regel ist: Dieser Flachwurzler wünscht in jedem Falle ein feinerdearmes Substrat.
Blütezeit: An vollsonnigen Standorten erscheinen in den Frühsommer- und Sommermonaten zahllose, fünfzählige, weiße Blüten, die gerne von Bienen besucht werden.
Vermehrung: Vermehrt sich leicht und sehr rasch durch abgefallene Blätter, durch Triebstücke und Teilung größerer Gruppen.
Schädlinge: Keine bekannt.
Winterhärte: Absolute Winterhärte bis zu –30 °C, sofern Staunässe ausgeschlossen ist.
Weitere Arten und Sorten: Im Handel sind gelegentlich zahlreiche interessante Gartenformen erhältlich, wie z. B. 'Laconicum' (dunkelgrüne, dichte Pflanze), 'Murale' (bräunliche Triebspitzen), 'Coral Carpet' (rotbraune Triebe), 'Chlorotcum' (etwas kleinere, hellgrüne Triebe), 'Indian Summer' (kräftige, rötliche Triebe) oder 'Hillebrandtii' (leicht bräunliche Triebe).

Als »Weißer Mauerpfeffer« ist *Sedum album* bekannt. Hauptblütezeit im Hochsommer.

Sedum divergens
S. Watson

⬆ 8–10 ☼ ✿ 1–2 ☞ A

Allgemein: Als »Kriechende Fetthenne« oder »Winterscharlachquirl« bezeichnet man im allgemeinen Sprachgebrauch diese wunderschöne Sukkulente. Sie wächst nicht nur an den heimatlichen Standorten relativ langsam, sondern auch in den Sammlungen in unseren Breiten braucht sie ihre Zeit.
S. divergens wächst meist kriechend und wird nur etwa 8–10 cm hoch. Die sukkulenten, nur etwa 6 mm langen und 3 mm breiten, verkehrt eiförmigen oder auch eiförmigen, sehr kompakt sitzenden Blätter sind üblicherweise grün bis dunkelgrün, nehmen aber im Sommer oft einen hübschen Rotton an. Eine besonders kräftige Rotfärbung in den Sommermonaten bietet *Sedum divergens* f. *atropurpureum.*
Verbreitung: Nordwesten der USA, vor allem in weiten Bereichen von Oregon.
Pflege: Relativ problemlos! *S. divergens* wünscht einen sehr sonnigen Standort in feinerdigem bis überwiegend mineralischem Substrat. Permanente Staunässe mag sie überhaupt nicht! Diese Art möchte nicht gerne mit Unkräutern kämpfen oder mit Laub bedeckt sein.
Blütezeit: In den Sommermonaten erscheinen die hellgelben Blüten in lockeren Dolden bzw. gabelästigen Trieben.
Vermehrung: Problemlos durch Stecklingsbewurzelung oder durch Teilung größerer Gruppen.
Schädlinge: Gelegentlich Schnecken.
Winterhärte: An sonnigen und gut dränierten Stellen bis zu −20 °C, mit Regenschutz bis −25 °C.

Im Norden Amerikas ist *Sedum divergens* beheimatet. Das langsame Wachstum ist für kleinere Sammlungen ideal. Die hellgelben Blüten erscheinen in den Sommermonaten.

Sedum forsterianum subsp. *elegans*
(Lejeune)

⬆ 8–15 ☼–◐ ✿ bis 20 ☞ **A**

Allgemein: Eine überaus variable und weitverbreitete Sukkulente. Die grüne Art *(Sedum forsterianum* = Grünes Schlangenmoos-Sedum, Zierliche Fetthenne) ist ebenfalls sehr hübsch, aber nicht so verbreitet wie die aus Marokko stammende Unterart.
Stark rasenförmig wachsende und gruppenbildende Pflanze, die basal sprosst und linealische, an der Oberseite etwas abgeflachte, stachelspitzige, an der Spitze leicht nach unten gekrümmte, fleischige, bläulich grüngraue, hübsch bereifte Blätter bildet. An einem vollsonnigen Standort können die Blätter auch leicht rötlich überhaucht sein.
Diese Sukkulente wächst auch gut im Halbschatten, allerdings ist dann der Aufbau der Blätter nicht mehr so kompakt, sondern deutlich lockerer.
Verbreitung: In weiten Teilen Westeuropas und in Marokko.
Pflege: Absolut problemlos! Diese Pflanze ist nahezu an jedem Standort und auf jedem Substrat völlig winterhart, obwohl sie natürlich einen vollsonnigen Standort bevorzugt – je sonniger, desto hübscher die Blattfärbung. Sie kann aber auch zur Plage werden, wenn man sie über eine längere Zeit völlig ungestört wachsen lässt. So manche *Opuntia fragilis* oder *Opuntia humifusa* verschwand schon unter einem sich besonders wohlfühlenden *Sedum forsterianum*.
Blütezeit: In den Frühsommermonaten erscheinen auf etwa 15–20 cm hohen Blühsprossen, die erheblich lockerer beblättert sind, trugdoldenförmige, anfangs leicht hängende Blütenstände mit goldgelben Blüten in großer Zahl.
Vermehrung: Durch Triebstecklinge und durch Teilung größerer Gruppen.
Schädlinge: Selten Schnecken.
Winterhärte: Absolut winterhart bis –30 °C, wenn man Staunässe verhindern kann.

Wunderschön, dieses blaugrüne, gelbblühende *Sedum forsterianum* subsp. *elegans*.

Sedum nevii
A. Gray

⬆ 3–5 ☼–◐ ✿ 0,5–1 ☞ A

Allgemein: Die als »Alabama-Sedum« bezeichnete Pflanze wächst bevorzugt an mageren, aber nicht zu trockenen Stellen, teilweise sogar an halbschattigen Standorten. Die kriechend wachsende, gruppenbildende Sukkulente erreicht eine Höhe von nur 3–5 cm. Die leicht aufstrebenden, an der Spitze rosettenartig beblätterten Triebe tragen spatelförmige, fleischige, rötlich-grüne Blätter, die sich bei sehr sonnigem Standort oder ungewöhnlich langer Trockenheit noch intensiver rot verfärben.
Verbreitung: *S. nevii* ist im östlichen Teil Nordamerikas von Illinois bis nach Alabama weitverbreitet.
Pflege: Der Standort sollte sonnig sein, aber auch ein halbschattiger Bereich wird von *S. nevii* sehr gut vertragen. Das Substrat sollte nur zu etwa 50% mineralisch sein, damit der Boden eine gewisse Feuchtigkeit behalten kann, allerdings muss Staunässe unbedingt vermieden werden. Da *S. nevii* nicht sehr stark wuchert, eignet es sich hervorragend zur Bepflanzung von Schalen, Balkonkästen und auch Trögen.
Blütezeit: In den Monaten Juni und Juli bildet *S. nevii* drei- bis mehrästige Blütenstände mit kleinen weißlichen Blüten.
Vermehrung: Durch Stecklingsbewurzelung oder durch Teilung größerer Gruppen.
Schädlinge: Gelegentlich Fraßschäden von Schnecken.
Winterhärte: An gut dränierten, nicht zu nassen Stellen ohne Regenschutz winterhart bis –25 °C.

Sedum nevii wird nur wenige Zentimeter hoch und bildet in den Frühsommermonaten weiße Blüten. Diese hübsche Art mit leicht rötlichen Blättern lässt sich in jeden Steingarten integrieren.

Sedum reflexum
Linné

⬆ 8–15 ☼–◐ ✿ bis 25 ☞ **A**

Allgemein: Eine hübsche, blaugrün beblätterte Sukkulente, die unter dem Trivialnamen »Tripmadam« seit Langem als Gewürz-, Salat- und Gemüsepflanze bekannt ist. In anderer Literatur findet man diese sehr variable Art auch unter *S. rupestre*.

Sedum reflexum wächst kriechend und Rasen bildend und wird – je nach Standort – etwa 8–15 cm hoch. An den aufstrebenden, immer wieder wurzelnden Trieben sitzen dicht angeordnet spitze, sukkulente, linealische bis nahezu walzenrunde, dunkel- bis bläulichgrüne Blätter.

Sedum reflexum ist auch als »Tripmadam« bekannt. Die Blüten erscheinen im Sommer.

Im Handel werden unter anderem folgende Formen, Sorten und Züchtungen angeboten: *S. reflexum* f. *cristata* (schöne, grüne Cristate), die Formen 'Chamaeleon' (bunt panaschiert), 'Chocolate Ball' (rötliche bis braune Blätter), 'Sandis Silver Crest' (weißlich bis rosafarbene Triebspitzen) oder 'Angelina' (auffällige gelbe Blattfärbung). Und immer wieder tauchen neue sammelnswerte Züchtungen bzw. auch Zufallsauslesen auf. *S. reflexum* ist ebenfalls sehr geeignet für eine dauerhafte extensive Dachbegrünung.

Verbreitung: Weitverbreitet an mageren Standorten in West-, Nord- und Zentraleuropa.

Pflege: *S. reflexum* gedeiht nahezu an jedem Standort und auf jedem Boden. Ideal wäre ein vollsonniger Standort, weil diese Art dann etwas kompakter wächst. Aber auch ein halbschattiger Platz wird akzeptiert. Diese Art kann aufgrund ihres starken Wachstums schwachwachsende Kakteen leicht überwuchern – also bitte beobachten!

Blütezeit: Von Ende Juni bis Anfang August bilden sich an etwa 25 cm hohen, zunächst eingerollten Trieben goldgelbe, meist siebenzählige Blüten, die besonders gerne von Bienen besucht werden.

Vermehrung: Problemlos durch Stecklinge und durch Teilung größerer Gruppen. Die beste Zeit dafür ist das zeitige Frühjahr.

Schädlinge: Schnecken

Winterhärte: Wenn der Untergrund nicht zu nass ist, hält diese Art ohne jeden Regenschutz bis Temperaturen bis zu –30 °C aus.

Sedum sieboldii
Sweet ex Hooker

⬆ 20–30 ☼–◐ ✿ bis 20 ☞ A

Allgemein: Das sommergrüne *S. sieboldii* wird auch Oktober-Sedum genannt. Auf einem rübigen Wurzelstock bilden sich dünne, bogenförmig überhängende, unverzweigte rotbraune Triebe mit in Dreiergruppierungen angeordneten spatelförmigen bis rundlichen, blaugrauen Blättern, die leicht gewellt und meist rötlich umrandet sind. In den Spätsommer- und Herbstwochen nehmen diese leicht sukkulenten Blätter einen etwas kräftigeren Rotton an. In der herbstlichen Jahreszeit sieht *Sedum sieboldii* besonders hübsch aus. Besonders geeignet zur Bepflanzung von Balkonkästen, Schalen und Kübeln sowie zur extensiven Dachbegrünung.
Die herrliche Sorte 'Mediovariegatum' mit gelbgrün panaschierten Blättern ist etwas empfindlich und eignet sich deshalb nur für besonders geschützte Lagen.
Verbreitung: *Sedum sieboldii* stammt aus Japan.
Pflege: *S. sieboldii* liebt einen sonnigen, warmen Standort in einem Steingarten. Und da es nicht besonders rasch wächst, ist es ideale Begleitpflanze für eine Kakteen-Anlage. Ideal wäre ein leicht mineralisches Substrat mit geringen lehmigen Anteilen, weil die Art in der Winterzeit gerne etwas trockener steht. In sehr niederschlagsreichen Gebieten empfiehlt sich eine Dränage.
Blütezeit: Ende September und Oktober erscheinen endständige hübsche rosarote Blüten in ballförmigen Trugdolden.
Vermehrung: Durch Aussaat. Die Teilung größerer Exemplare ist nicht immer erfolgreich.
Schädlinge: Schnecken können erhebliche Fraßschäden anrichten.
Winterhärte: Ohne Regenschutz, aber mit guter Dränage bis zu –25 °C und mit Regenschutz bis –30 °C.

Hübsche, auffallende, rosafarbene Blüten bildet *Sedum sieboldii* in den Herbstwochen.

Sedum spathulifolium
Hooker

5–7 ☼–◐ ✿ bis 12 ☞ **A**

Allgemein: *Sedum spathulifolium* bildet flache, etwa 5–7 cm hohe Triebe mit rosettenartig angeordneten, breit spatelförmigen, graugrünen, sukkulenten Blättern.

In den Sammlungen ist diese Art bekannt unter den Namen Colorado-Fetthenne oder auch Silberspatel-Sedum. Im Handel werden einige wunderschöne Sorten und Zuchtformen angeboten. Zum Beispiel 'Cape Blanco' (kleine Form aus Oregon mit silberweißen Rosetten), 'Purpureum' (bereifte, purpurrote Blätter bei vollsonnigem Standort), 'William Pascoe' (grünlich-rotbraune Blätter), 'Aureum' (gelbliche Blätter).

Verbreitung: Aus dem westlichen Nordamerika stammt diese hübsche immergrüne Sukkulente. Besonders verbreitet in den Cascade Mountains (Oregon).

Pflege: Sonnige bis halbschattige Standorte in einem Steingarten, in einer Schale oder auch im Balkonkasten. Das Substrat sollte möglichst kalkfrei und gut durchlässig sein, denn Staunässe kann zu Fäulnis führen.

Blütezeit: Meist im Juni und Juli erscheinen auf etwa 10–12 cm langen Stängeln gelbe Blüten in dreiästigen, flachen Trugdolden.

Vermehrung: Durch Stecklings- und Rosettenbewurzelung oder durch Teilung größerer Gruppen.

Schädlinge: Gelegentlich Schnecken.

Winterhärte: Ohne Regenschutz bis zu –20 °C und mit Regenschutz bis –25 °C.

Silberweißliche Rosetten mit leicht rötlichem Rand bildet *Sedum spathulifolium* 'Cape Blanco'. Diese aus Oregon stammende flach wachsende Sukkulente bildet im Frühsommer gelbe Blüten.

Sedum spurium
Marschall von Bieberstein

⬆ 10–14 ☼ ✿ 0,6–1 ☞ A

Allgemein: Unter der Bezeichnung Teppich-*Sedum* oder auch Kaukasus-Fetthenne gehandelt, ist *S. spurium* eine ungemein variable gruppenbildende Art. Besonders für eine extensive Dachbegrünungen geeignet, dauerhaft und sehr wüchsig.
S. spurium bildet kriechende, leicht wurzelnde Triebe mit aufsteigenden Enden; es wird etwa 10–14 cm hoch. Die kreuzgegenständig stehenden, an den Rändern leicht gekerbten, wintergrünen Blätter sind kurzgestielt und verkehrteiförmig bis rhombisch-keilförmig, etwa 2,5 cm lang und 1,5 cm breit. Später im Jahr verfärben sich die Blätter – je nach Sorte – mehr oder weniger intensiv rot oder rotbraun.
Verbreitung: Die Art ist im Kaukasus und im Norden Persiens beheimatet und in vielen Teilen Europas mittlerweile verwildert.
Pflege: Sehr beliebte, anspruchslose Gartenpflanze! Natürlich sollte der Standort vollsonnig sein, aber auch ein halbschattiger Standort wird akzeptiert, dann allerdings verblasst teilweise die hübsche Blattfärbung. Besondere Substratansprüche stellt diese Art nicht – es kann lehmig oder mineralisch sein; kontinuierliche Staunässe ist zu vermeiden.
Blütezeit: Die Hauptblütezeit liegt in den Monaten Juli und August. Die fünfzähligen Blüten zeigen eine breite Bandbreite an Farben. Die Sorte 'Schorbuser Blut' hat dunkelrote Blüten, die Sorte 'Album Superbum' weiße und *S. spurium* rosafarbene Blüten. Bienen besuchen diese Blüten besonders gerne.
Vermehrung: Am besten durch Stecklinge oder Teilung größerer Gruppen.
Schädlinge: Keine bekannt.
Winterhärte: Ohne Regenschutz problemlos bis zu –30 °C.
Empfehlenswerte Sorten: 'Album Superbum' (weiße Blüten, grüne Blätter), 'Coccineum' (rosa Blüten, rötliche Blätter), 'Erdblut' (rote Blüten, grünrote Blätter), 'Fuldaglut' (rote Blüten, dunkelrote Blätter), 'John Creach' (rosa Blüten, grünrote Blätter), 'Purpurteppich' (dunkelkarminfarbene Blüten, purpurfarbene Blätter), 'Roseum Superbum' (rosa Blüten, grüne Blätter), 'Schorbuser Blut' (karminrote Blüten, rotbraune Blätter), 'Tricolor' (rosa Blüten, panaschierte Blätter, 'Voodoo' (rosa Blüten, rotbraune Blätter).

Von *Sedum spurium* gibt es im Handel zahlreiche sammelnswerte Sorten und Züchtungen.

Sedum telephium
Linné

⬆ 60–70 ☼–◐ ✿ 10–25 ☞ **A**

Allgemein: Die etwa 60–70 cm hohe horstbildende Staude mit verdickten Rhizomen trägt ovales, graugrünes, leicht sukkulentes Laub. Die auch als Großes Fettblatt bezeichnete Pflanze wird als Kreuzungspartner bei Zuchtarbeiten mit *Sedum spectabile* eingesetzt. Im Laufe der Jahre sind innerhalb des *Spectabile-Telephium*-Komplexes eine ganze Reihe interessanter Züchtungen entstanden, die hier aber aus Platzgründen nicht alle genannt werden können. Darüber hinaus werden im einschlägigen Fachhandel zahlreiche Zuchtformen angeboten, so wie das beliebte *Sedum telephium* 'Herbstfreude'.

Im Laufe der Jahre bildet *Sedum telephium* eindrucksvolle und blühfreudige Stauden.

Verbreitung: Von Europa bis Sibirien weitverbreitete, robuste und sehr variable Art, die seit Langem in Gärten kultiviert wird.

Pflege: Sonniger Standort in durchlässigem, nährstoffarmem Gartenboden, der mit mineralischen Zusätzen verbessert werden kann. Wenn überhaupt, dann nur sehr wenig düngen!

Blütezeit: Überwiegend in den Spätsommermonaten August und September erscheinen die roten Blüten in dichten achsel- und endständigen Trugdolden. Eine prächtige Bienenweide! Andere Arten bzw. Züchtungen können auch bedeutend früher blühen.

Vermehrung: Am besten durch vorsichtige Teilung größerer Gruppen.

Schädlinge: Gelegentlich Schnecken.

Winterhärte: Ohne Regenschutz bis zu –25 °C.

Weitere Arten und Unterarten: *S. telephium* subsp. *maximum* (gelbliche Blüten, bläuliche Blätter, heimisch in Westasien und Europa); *S. telephium* 'Atropurpureum' (dunkelrote Blüten, braunrote Blätter); *S. telephium* subsp. *ruprechtii* (gelblichgrüne Blüten, rötlichgraue Blätter); *S. telephium* subsp. *telephium* (purpurrote Blüten, grüne Blätter, heimisch in Europa); *S. ternatum* (Dreizähniges Wald-Fettblatt, weiße Blüten, grüne Blätter, beheimatet im Osten der USA, wird nur etwa 10–12 cm hoch.

Sempervivum arachnoideum
Linné

⬆ 0,5–3 ☼–◐ ✿ bis 12 ☞ A

Allgemein: Im Volksmund nennt man diese kleine, in Rosettengröße und Behaarung enorm variable *Sempervivum*-Art »Spinnweb-Hauswurz« – und tatsächlich, sie sieht aus, als wäre sie mit einem dichten, weiß verwobenen Spinnwebnetz überzogen. Die Rosetten erreichen zwischen 0,5–3 cm Durchmesser. Die elliptischen bis verkehrt lanzettlichen Rosettenblätter sind leicht nach innen gebogen und etwa 8–10 mm lang. Im Laufe der Jahre bilden sich durch Sprossung große und dichte Polster. Diese Art gehört zweifelsohne zu den schönsten und wertvollsten Hauswurzarten. Freunde dieser Art können sich trotz der nur zwei offiziell beschriebenen Unterarten *(S. arachnoideum* subsp. *arachnoideum* und *S. arachnoideum* subsp. *tomentosum)* eine riesige Sammlung von Spinnweb-Hauswurz zulegen, da es unzählige Standortformen gibt.
Verbreitung: Es handelt sich um eine in den europäischen Gebirgen (Alpen, Apennin, Pyrenäen, Karpaten, Cordillera, Cantabrica, Korsika) weitverbreitete Art. Meist Kalk fliehend, wächst sie oft auf Urgesteinsböden, auf Silikatgestein und Schotterbereichen.
Pflege: *S. arachnoideum* siedelt besonders gerne auf Tuffsteinen, in Mauerspalten, in Felsritzen und auf Schotterböden. Sonnige Standorte, die aber nicht zu heiß werden dürfen (Verbrennungsgefahr!), werden bevorzugt. Überwiegend mineralisches Substrat mit möglichst geringen Kalkbestandteilen. Staunässe durch eine gute Dränage vermeiden.
Blütezeit: Juli und August ist die Hauptblütezeit von *S. arachnoideum*. Auf einem beblätterten, etwa 12 cm hohen, ziemlich kompakten Blütenstand sitzen prächtige rosarote bis dunkelrote, etwa 10–12 mm breite Blüten.
Vermehrung: Durch Aussaat und Teilung größerer Gruppen.
Schädlinge: Gelegentlich Schnecken.
Winterhärte: Bis zu –25 °C winterhart.
Weitere Arten: *S. altum, S. annae, S. armenum, S. artvinense, S. atlanticum, S. atropatanum, S. borissovae, S. brevipilum, S. cantabricum, S. caucasicum, S. charadzeae, S. ciliosum, S. dolomiticum, S. dzhavachischvilii, S. ermanicum, S. glabrifolium, S. grandiflorum, S. ingwersenii, S. iranicum, S. kosaninii, S. leucanthum, S. marmoreum, S. minus, S. minutum, S. montanum, S. ossetiense, S. pisidicum, S. pittonii, S. pumilum, S. sosnowskyi, S. staintonii, S. thompsonianum, S. wulfenii, S. zeleborii.*

Sicherlich eine der schönsten ist die Spinnweb-Hauswurz *(Sempervivum arachnoideum).*

Sempervivum calcareum
Jordan

⬆ 2–4 ☼–◐ ✿ bis 25 ☞ **A**

Allgemein: Die hellgrünen bis bläulichgrünen Rosetten erreichen einen Durchmesser von 5–6 cm und variieren stark in Form und Farbe. Die Sorte *S. calcareum* 'Mrs. Guiseppii' wächst etwas kompakter und weist eine besonders deutlich abgesetzte, kontrastierende, rotbraune Spitze auf. Im Laufe der Jahre bilden sich attraktive, große Gruppen.

Sempervivum calcareum, eine sehr variable Art aus den französischen und italienischen Alpen

Die Kulturform 'Sir William Lawrence' ist etwas kugelförmiger und bildet größere Blätter, während 'Greenii' kleiner und kompakter ist. Die Kulturform 'Major' mit besonders großen Rosetten wächst etwas verhaltener. Besonders hübsch ist auch 'Benz' mit dunkelgrünen Rosetten und sehr dunklen Spitzen sowie 'Pink Pearl' mit blaugrünen Rosetten und rotbraunen Spitzen. Zahlreiche weitere Kulturformen und meist interessante Standortformen lassen sich hier aus Platzgründen nicht aufführen.

Verbreitung: Diese Art wächst in großen Polstern auf überwiegend kalkhaltigem Boden sowie verwitternden Kalkfelsen in den französischen und italienischen Seealpen.

Pflege: Problemlos lässt sich *S. calcareum* an nahezu jedem sonnigen Standort im Garten, in einem Balkonkasten oder auch in einem Kübel erfolgreich kultivieren. Ob in lehmigem oder in mineralischem Substrat – im Laufe der Jahre können sich Gruppen mit mehreren hundert Köpfen bilden. Alle *Sempervivum*-Arten sollten hart kultiviert und nicht übermäßig gedüngt werden, damit man gesunde und widerstandsfähige Pflanzen erhält.

Blütezeit: Alle Formen dieser Art sind leider etwas blühfaul und benötigen eine gewisse Anlaufzeit, um auf einem etwa 15–25 cm hohen, endständigen Blütenstand blass rosafarbene Blüten zu bilden. Nach der Samenreife stirbt wie bei den anderen *Sempervivum*-Arten die Mutterrosette ab, die aber zu diesem Zeitpunkt meist ausreichend Tochterrosetten gebildet hat.

Vermehrung: Durch Teilung größerer Gruppen oder auch durch Abnahme bewurzelter Tochterrosetten möglich.

Schädlinge: Keine bekannt.

Winterhärte: Bis –25 °C

Sempervivum minutum
(G. Kunze ex Willkomm) Nyman ex Pau

⬆ 2–4 ☼–◐ ✿ bis 15 ☞ A

Allgemein: Die Rosetten mit fahlgrünen Blättern mit zarten Randwimpern und nach innen gebogenen Spitzen erreichen nur etwa 2,5–3,5 cm Durchmesser. *S. minutum* bildet aufgrund der relativ kurzen Stolone recht dichte Polster, sie steht *S. cantabricum*, ebenfalls in Spanien beheimatet, sehr nahe. Bei sehr intensiver Sonneneinstrahlung nehmen die Rosetten im Randbereich und an den Blattspitzen einen hübschen rötlichen Farbton an.

Verbreitung: Die aus Spanien stammende Art kommt in der Sierra Nevada in Höhen von 1 500–2 100 m vor.
Pflege: Vollsonniger, leicht nach Süden geneigter Standort und lehmig-mineralisches Substrat. Diese Art ist robust und nimmt Pflegefehler nicht gleich übel, wenn man permanente Staunässe zu verhindern weiß.
Blütezeit: Die rötlichen, etwa 2 cm breiten Blüten sitzen an etwa 12–15 cm langen Stielen. Hauptblütezeit sind die Monate Juli und August.
Vermehrung: Durch Tochterrosetten oder Teilung größerer Gruppen.
Schädlinge: Gelegentlich Schnecken.
Winterhärte: Bis –25 °C winterhart.

Sempervivum minutum ist in Spanien beheimatet und bereits am Standort sehr variabel. Im Laufe der Jahre bilden sich attraktive Polster. In den Sommermonaten bilden sich rötliche Blüten.

Sempervivum ruthenicum W. D. J. Koch ex Schnittspahn et C. B. Lehmann

⬆ 2–4 ☼–◐ ✿ bis 30 ☞ A

Allgemein: *S. ruthenicum* bildet etwa 4–5 cm breite, mittel- bis dunkelgrüne Rosetten mit breit elliptischen bis keulenförmigen, an den Rändern mehr oder weniger bewimperten, sukkulenten Blättern. Die zahlreichen Tochterrosetten sitzen an kräftigen, kurzen, bis etwa 4 cm langen Stolonen und wurzeln sehr rasch.

Diese Form von *Sempervivum ruthenicum* blüht statt Grünlichgelb sehr reich Rosa.

Verbreitung: Eine überaus variable Art, die in weiten Teilen Südosteuropas, in Südwest-Russland, in der Ukraine und im Tiefland von Rumänien in teilweise sehr unterschiedlichen Standortformen und meist auf sandigen Böden und in trockenen Gebieten sowie in lockeren Kiefernwäldern verbreitet ist.

Pflege: Leicht zu kultivierende Art mit außerordentlich gutem Zuwachs, sodass sich schon nach wenigen Jahren attraktive dichte Polster bilden können. Am besten lässt sich *S. ruthenicum* in einem sehr sonnigen Steingarten ansiedeln, obwohl es auch andere Standorte akzeptiert, wenn diese nur sonnig und nicht zu nass sind. Es gedeiht problemlos in lehmigem, in mineralischem und auch auf einem steinigem Substrat. *Sempervivum ruthenicum* eignet sich vorzüglich zur raschen und dauerhaften Dachbegrünung und ist auch gegen Hagelschlag recht unempfindlich.

Blütezeit: Der Blütenstand kann durchaus 25–30 cm Höhe erreichen. Die Blüten variieren von einem grünlichen Gelb bis zu einem hellen Purpur, das sich mit der Blühdauer noch etwas verstärken kann. In der sommerlichen Blüte werden größere Gruppen von einem wahren Blütenteppich überzogen, der wiederum unzählige Bienen anlockt.

Vermehrung: Durch Abnahme von Tochterrosetten oder durch Teilung größerer Gruppen.

Schädlinge: Keine bekannt.

Winterhärte: Bis –25 °C winterhart.

Sempervivum tectorum
Linné

⬆ 2,5–4,5 ☼–◐ ✿ bis 30 ☞ **A**

Allgemein: Besonders kulturwürdig sind viele Varietäten von *Sempervivum tectorum*, beispielsweise *Sempervivum tectorum* var. *tectorum* 'Atropurpureum'. Diese besondere Sorte besticht durch ihre außerordentliche Wuchsfreude und ihre enorm großen Rosetten, die durchaus 10–12 cm Durchmesser erreichen können. Im Laufe der Jahre können prachtvolle Gruppen heranwachsen, die sich bei vollsonnigem Standort mit einem erstaunlich dunklen Purpurrot überziehen. Gruppen mit einem Durchmesser von 60–80 cm sind dabei keine Seltenheit.

In einer extensiven Dachbegrünung lassen sich diese farbenprächtigen *Sempervivum*-Sorten ausgezeichnet einbeziehen. Mit ein wenig Geschick kann man dadurch ein tristes Garagendach in ein farbenprächtiges Schmuckstück verwandeln.

Bis heute verwendet man in der Volksmedizin die sukkulenten Blätter von *S. tectorum* zur Linderung bei Wespenstichen oder auch zur Bekämpfung von Warzen, Quetschungen, Hühneraugen, bei juckender Haut oder auch zur Kühlung bei Verbrennungen.

Pflege: Wie bei nahezu allen Varietäten und Sorten dieser Art ist die Pflege problemlos. Der Standort sollte vollsonnig und möglichst leicht nach Süden ausgerichtet sein. Besondere Substratansprüche sind nicht zu beachten, wenn man ein durchlässiges, lehmig-mineralisches Substrat und einen einfachen Schotterunterbau als Dränage nimmt.

Blütezeit: Üblicherweise in den Monaten Juli und August. Die Blütenstände können durchaus 30 cm Höhe erreichen, meist bleiben sie aber etwas kleiner, was die Schönheit einer blühenden Gruppe jedoch in keinster Weise beeinflusst.

Vermehrung: Durch kräftige Tochterrosetten oder Teilung größerer Gruppen.

Schädlinge: Selten Schnecken oder Amseln, die manchmal ganze *Sempervivum*-Gruppen ausscharren.

Winterhärte: Problemlos bis –25 °C winterhart.

Weitverbreitet, beliebt und überaus variabel ist das robuste *Sempervivum tectorum*.

Sempervivum transcaucasicum
Muirhead

⬆ 2–3,5 ☼–◐ ✿ bis 20 ☞ A

Allgemein: Die grünen Rosetten mit kurzen Stolonen haben etwa 3–4 cm Durchmesser, gelegentlich werden sie auch größer, weil es zahlreiche Standortformen gibt, die sich in Größe, Farbe, Intensität der Blattbehaarung und der dunkleren Blattspitze unterscheiden. Die flaumhaarigen, verkehrt lanzettlichen bis eilanzettlichen, an den Rändern bewimperten Blätter bilden zart gerötete, kurze Spitzen.
Verbreitung: Eine sehr variable, dicht und gedrungen wachsende Art, die im Nordosten der Türkei, in Armenien und auch in Georgien (Kaukasus) beheimatet ist.
Pflege: Da diese Art etwas empfindlich gegen allzu große Nässe in den Wintermonaten ist, sollte man für eine gute Dränage sorgen. Regenschutz ist dagegen nicht notwendig! Das Substrat kann lehmig bis überwiegend mineralisch sein. Der Standort sollte aber sehr sonnig sein, was die hübsche Blattfärbung etwas intensiviert.
Blütezeit: Leider bilden sich die hellgelben bis grünlichgelben, etwa 2,5 cm großen, 12- bis 14-zähligen Blüten nicht häufig, sondern nur an einem vollsonnigen Standort. Vielfach wird diese Art als etwas blühfaul eingestuft.
Vermehrung: Durch Abnahme von gut entwickelten Tochterrosetten oder durch Teilung größerer Gruppen.
Schädlinge: Gelegentlich Schnecken.
Winterhärte: Mit guter Dränage und leichtem Regenschutz bis zu –22 °C.

Sempervivum transcaucasicum mit flaumhaarigen Blättern bildet zartgelbe Blüten.

Sinocrassula yunnanensis
(Franch.) A. Berger

⬆ 1,5–2 ☼–◐ ✿ bis 12 ☞ F

Allgemein: *S. yunnanensis* bildet dichte, etwa 2,5–3,5 cm breite, nur etwa 1,5 cm hohe Rosetten mit 50–70 sukkulenten Blättern. Die spateligen bis nahezu verkehrt lanzettlichen, oben in einer Spitze auslaufenden Blätter wirken fast walzenförmig. An einem sehr sonnigen Standort wirken die ohnehin dunklen sukkulenten Blätter nahezu schwarz – eine sehr ungewöhnliche Färbung für eine Sukkulente! Die Blätter sind mit einem zarten, extrem kurzen, weißlichen Flaum überzogen.
Da *S. yunnanensis* sehr klein und unscheinbar bleibt, wird sie in Sammlungen gerne übersehen, sie ist deshalb etwas für Kenner und Liebhaber, zumal diese Art immer wieder zu spontaner Cristatbildung sowohl bei der Rosette als beim Blütenstand neigt.
Pflege: Diese Art wünscht einen sonnigen oder zumindest halbschattigen Standort in lehmig-mineralischem Substrat. Staunässe sollte man durch eine gute Dränage unbedingt vermeiden. *S. yunnanensis* sollte nicht von anderen rasch wachsenden Begleitpflanzen bedrängt werden. Laub und Unkräuter bitte rechtzeitig entfernen!
Verbreitung: Aus China (Yunnan) stammt diese wunderschöne Sukkulente, die in Höhen von 2500–2700 m ü. d. M. auf überwiegend lehmig-mineralischem Boden wächst, nährstoffreiche Böden werden gemieden.
Blütezeit: Je nach Standort blüht *S. yunnanensis* in den Monaten September und Oktober. Wie alle monocarpen Pflanzen stirbt die Mutterpflanze nach der Blüte und der anschließenden Samenbildung ab, meist haben sich dann aber auch schon Tochterrosetten gebildet. Auf etwa 10–12 cm hohen, dicht und dunkel beblätterten Blütenständen bilden sich sehr kleine, gelbliche bis orangefarbene Infloreszenzen.
Vermehrung: Durch Aussaat oder durch Abnahme von Tochterrosetten. Durch Selbstaussaat können sich im Laufe der Zeit hübsche kleine Gruppen bilden.
Schädlinge: Gelegentlich Schnecken.
Winterhärte: Ich kultiviere *S. yunnanensis* seit etwa 30 Jahren in 500 m Höhe überwiegend im Freien, aber grundsätzlich mit Regenschutz bis zu –25 °C. Im unbeheizten Kalthaus haben mehrere Dutzend Exemplare Temperaturen bis –28 °C überstanden.
Weitere empfehlenswerte Art: *Sinocrassula densirosulata.*

Nur selten findet man die kleine *Sinocrassula yunnanensis* in den Sammlungen.

Yucca baccata
Torr

⬆ 50–80 ☼ ✿ bis 100 ☞ **F**

Allgemein: *Y. baccata* ist eine niedrige, tief im Boden sitzende, nahezu stammlose Pflanze, deren starke unterirdische Wurzeln sicher eine gewisse Speicherfunktion besitzen. Ungewöhnlich sind die steifen, silbrig grau- bis blaugrünen, rinnigen und – in der Gattung *Yucca* nicht häufig anzutreffenden – sukkulenten Blätter mit langen, gerollten, weißen Blattrandfäden. Die Blattränder zeigen beidseitig eine bräunliche Hornleiste.

Yucca baccata, eine sehr attraktive blaugrüne Art, die bei uns gut winterhart ist

Verbreitung: Diese sukkulente Art stammt aus dem Südwesten der USA und aus Nord-Mexiko, dort wächst sie mitunter in großen Gruppen auf halbaridem Grasland und in mineralisch-steinigem Gelände.

Pflege: Da *Y. baccata* auf sehr durchlässigem, überwiegend mineralischem Substrat völlig winterhart ist, sollte man Winternässe, also permanent nassen Standort auf lehmigem Untergrund, grundsätzlich vermeiden. Ideal ist ein vollsonniger Standort in leichter Südhanglage, an dem sich diese langsam wachsende *Yucca* ausbreiten kann.

Blütezeit: Ältere Exemplare bilden in den Hochsommermonaten einen etwa 100 cm hohen, ausgesprochen schmückenden Blütenstand mit 7–8 cm langen, hängenden, weißen oder auch gelblichen, glockigen Blüten.

Vermehrung: Durch Aussaat und Rhizome oder auch Seitensprosse, die allerdings nicht sehr häufig vorkommen.

Schädlinge: Keine bekannt.

Winterhärte: Die Art gilt als besonders nässeempfindlich, dennoch kultiviere ich in 500 m ü. d. M. seit mehr als 20 Jahren ohne jeden Regenschutz einige Exemplare von *Y. baccata*. Unter optimalen Bedingungen gedeiht sie problemlos bis zu –25 °C.

Weitere Arten: *Y. brevifolia, Y. elephantipes, Y. flaccida, Y. nana, Y. recurvifolia, Y. rostrata, Y. thompsoniana, Y. whipplei.*

Yucca filamentosa
Linné

⬆ 40–70 ☼ ✿ bis 150 ☞ **A**

Allgemein: In vielen Sammlungen sind sie mittlerweile verbreitet, die stammlose *Yucca filamentosa* und *Y. filamentosa* 'Colour Guard'. Die etwa 2,5 cm breiten, bläulichgrauen Blätter mit fester Spitze stehen üblicherweise aufrecht. Besonders hübsch ist *Y. filamentosa* 'Colour Guard', die durch ihre wunderschöne Blattzeichnung in jeder Sammlung sofort auffällt – vor allem in den ohnehin licht- und farbarmen Wintermonaten.
Im Handel werden einige Dutzend verschiedene und oft sehr robuste Gartensorten angeboten, die mit anderen *Yucca*-Arten gekreuzt wurden. So können durchaus herrliche und ungewöhnlich blühfreudige Exemplare entstehen. Man sollte also abwägen, ob man auf eine absolut artreine *Yucca* oder eher auf besondere Pflegeleichtigkeit und Blühfreude Wert legt.
Ich kenne eine beeindruckende *Yucca*-Sammlung, die zu etwa 80 % nur aus Hybriden besteht, während der sommerlichen Blütezeit ein bestaunenswertes Erlebnis und ein Graus für die selbst ernannten »Artrein-Fanatiker«!
Verbreitung: *Yucca filamentosa* ist im Osten der USA, in South-Carolina und in weiten Bereichen des Mississippi-Gebietes beheimatet.
Pflege: Eine völlig problemlose *Yucca*, die auch in unseren Breiten winterhart ist, wenn man permanente Staunässe und fußkalte Standorte vermeiden kann. Ideal sind ein vollsonniger Standort und etwas durchlässigeres Substrat. An einem optimalen Standort entwickeln sich im Laufe der Jahre besonders attraktive Gruppen, deshalb empfiehlt sich von Anfang an ein großzügig bemessener Standort.
Blütezeit: In den Hochsommermonaten bilden sich bis etwa 1,50 m hohe Blütenstände mit glockigen, hängenden und grünlichweißen, etwa 5 cm langen Blüten.
Vermehrung: Durch Aussaat, sofern Samen erhältlich sind. Weiterhin durch Abtrennen von Seitensprossen oder Rhizomen oder auch durch Teilung größerer Gruppen.
Schädlinge: Keine bekannt.
Winterhärte: Problemlos bis –25 °C, wenn permanente Staunässe durch eine gute Dränage verhindert wird.

Wunderschöne Form der Art: die sehr dekorative *Yucca filamentosa* 'Colour Guard'

Yucca glauca
Nutt. ex Fraser

⬆ 50–70 ☼ ✿ bis 100 ☞ **A**

Allgemein: Hübsche, sehr variable, mitunter große Kolonien bildende Art, die in Mitteleuropa bereits seit etwa 200 Jahren bekannt und beliebt ist. Nur im Alter kann *Y. glauca* einen kurzen, oftmals niederliegenden Stamm bilden, der dann mitunter sehr kuriose Formen annehmen kann. Die harten, sehr schmalen und starren, graugrünen bis graublauen Blätter bilden an den Blatträndern weißliche, abstehende Fasern. Da *Y. glauca* sehr anspruchslos ist, eignet sie sich auch als Kübelpflanze, sofern das Pflanzgefäß ausreichend groß ist.

Wohl eine der robustesten Arten ist *Yucca glauca*, die wunderschöne Blütenstände bildet.

Verbreitung: Das enorme Verbreitungsgebiet von *Y. glauca* erstreckt sich vom Mittelwesten der USA über nahezu 3 000 km bis in den Süden Kanadas (Alberta und Saskatchewan), dabei gedeiht sie in Höhenlagen von etwa 500 m bis nahezu 3 000 m ü. d. M.

Pflege: Möglichst vollsonniger und schattenfreier Standort in überwiegend mineralischem oder gut dräniertem etwas lehmigen Substrat. *Y. glauca* kommt in einem übersichtlich angelegten Kakteen- oder Steingarten besonders gut zur Geltung. Im Laufe der Jahre können sich wunderschöne attraktive Gruppen bilden.

Blütezeit: In den Sommermonaten bildet *Y. glauca* einen etwa 1 m hohen, rispigen Blütenstand mit glockenförmigen, duftenden, grünlichweißen Blüten. Um die Blühfähigkeit zu erreichen, vergehen oftmals mehr als 10 Jahre. Es ist auch völlig normal, wenn *Yucca glauca* nur alle 3–4 Jahre blüht.

Vermehrung: Durch Samen oder durch Abtrennen und Bewurzeln von basalen Seitentrieben oder Rhizomen.

Schädlinge: Keine bekannt.

Winterhärte: Winterhart bis zu –25 °C. Selbst bei härtesten klimatischen Bedingungen sind keinerlei Regenschutzmaßnahmen notwendig.

Yucca gloriosa
Linné

⬆ 100–150 ☼ ✿ bis 150 ☞ F

Allgemein: Diese in ihrer Heimat weitverbreitete Yucca bildet an den Standorten im Laufe der Jahre beeindruckende Stämme von 1,50–2,00 m Höhe. In unseren Sammlungen werden wir diese Stammgrößen eher selten sehen, aber es können sich bei optimalem Standort gewaltige Exemplare entwickeln. Neben zahlreichen interessanten Gartenformen, die im Laufe der Jahre entstanden sind, ist besonders die mehrfarbige Form 'Bright Star' zu empfehlen, die in der Regel einen etwas wärmeren Standort wünscht.

Verbreitung: Im Südosten der USA. Oftmals finden sich dort riesige Bestände.

Pflege: *Y. gloriosa* wünscht einen vollsonnigen Standort mit überwiegend mineralischem Substrat oder – falls der Boden etwas lehmig sein sollte – eine gute Dränage aus grobem Schotter oder Ziegelsplitt.. An einem etwas geschützten Standort in schattenfreier leichter Südhanglage können sich im Laufe der Zeit prächtige Gruppen entwickeln.

Blütezeit: In den Spätsommer- oder Herbstmonaten erscheinen an älteren, kräftigen Pflanzen auf etwa 1,20 m–1,50 m Höhe die hohen rispigen Blütenstände mit etwa 5–6 cm langen, glockigen, weißlichen Blüten, deren äußere Blütenblätter eine zarte bräunliche bis violette Färbung haben können.

Vermehrung: Durch Aussaat, durch Abnahme von kräftigen Seitensprossen oder durch Bewurzelung von Rhizomen.

Schädlinge: Keine bekannt.

Winterhärte: In sehr kalten und niederschlagsreichen Gebieten kann es immer wieder zu Schäden kommen, aber meist treibt diese *Y. gloriosa* aus Wurzelrhizomen wieder erneut aus. In meiner Sammlung in 500 m ü. d. M. wurden in den vergangenen 20 Jahren keinerlei Schäden festgestellt. Ohne Regenschutz winterhart bis zu –20 °C.

In den Herbstwochen bildet *Yucca gloriosa* prächtige cremeweiße, große Blüten.

Kakteen pflegen und vermehren

Die Pflegeansprüche der Kakteen sind gering, trotzdem gibt es einige Dinge zu berücksichtigen. Und auch das Vermehren geht leicht von der Hand, wenn man die Profitipps auf den folgenden Seiten beachtet.

Was ist beim Kauf zu beachten?

Es ist empfehlenswert, winterharte Kakteen nur in einem Fachbetrieb zu erwerben, der glaubhaft versichern kann, dass die Pflanzen wirklich winterhart sind oder zumindest eine gewisse Mindesttemperatur aushalten, sofern die idealen Standortbedingungen geschaffen werden. Auch sollte man in einer Fachgärtnerei jemanden um Rat und um Pflegetipps fragen können. Weiterhin ist darauf zu achten, dass die dort angebotenen winterharten Kakteen mit einem Namensschild versehen sind, damit man in der einschlägigen Fachliteratur weitere Informationen nachschlagen kann.

Sehr wichtig ist auch der optische Zustand der Pflanzen! Es ist völlig normal, dass winterharte Opuntien in der winterlichen Ruhephase in etwas geschrumpftem Zustand anders aussehen als im Mai, Juni oder Juli, wenn sie voll im Trieb sein sollten. Wer also im Mai oder Juni stark geschrumpfte winterharte Opuntien kauft, muss wissen, dass mit diesen Pflanzen etwas nicht stimmt. Liegt eine Wurzelerkrankung vor, weist die Pflanze aber sonst keine Flecken oder Fäulnisstellen auf, lassen sich die gesunden Blätter einfach abschneiden und wieder bewurzeln. Im Zweifelsfall rate ich vom Kauf ab.

Der Kauf winterharter Kakteen ist Vertrauenssache. Neue Pflanzen langsam eingewöhnen!

Sicherheit geht vor

In zahlreichen Groß- und Baumärkten werden immer wieder sogenannte winterharte Kakteen und andere frostharte Sukkulenten angeboten, die mitunter erstaunlich günstig sind. Selbstverständlich kann man mit den Pflanzen Glück haben und auch mit der korrekten Namensgebung, aber man kann leider nicht wissen, ob jene Pflanzen in Gewächshäusern gezüchtet worden sind, weil sie dort natürlich rascher wachsen als im Freiland. Sicherheitshalber müssen diese Pflanzen in der ersten Wintersaison einen leichten Schutz erhalten. Langsames und behutsames Eingewöhnen an harte Fröste kann für einige etwas empfindliche Pflanzen überlebenswichtig sein.

Kakteen vermehren

Die meisten Kakteenfreunde werden eines sicheren Tages vom Ehrgeiz gepackt, die verschiedenen Vermehrungsmethoden einmal selbst auszuprobieren, um die eigene Sammlung zu vergrößern oder um bestimmte Pflanzen an Interessenten abgeben zu können.
Auch kann sich unter der Perspektive der Bestandserhaltung eine sinnvolle Vermehrung als durchaus notwendig erweisen.
Zunächst unterscheiden wir zwei verschiedene Vermehrungsarten: die vegetative (ungeschlechtliche) und die generative (geschlechtliche). Vegetativ vermehrt man Kakteen durch Ableger bzw. auch durch Seitensprosse, durch Teilung und durch Stecklinge. Die auf diese Arten vermehrten Pflanzen verfügen über exakt die gleichen festgelegten genetischen Eigenschaften wie die Mutterpflanze, sind also identisch mit dieser. Bei der generativen Vermehrung durch Aussaat entstehen Nachkommen mit einer neuen Zusammensetzung der Erbinformationen.

Vermehrung mit Samen

Für viele Kakteenfreunde ist die generative Vermehrung eine besonders interessante Methode, zumal viele seltene Kakteenarten nur noch in Form von Samen erhältlich sind. Darüber hinaus ist die Aussaat von Kakteen keinesfalls schwierig, obwohl einige der winterharten Kakteen zu den sogenannten Frostkeimern zählen. Kaum jemand wird sich dem besonderen Reiz entziehen können, der von eigenhändig aus Samen herangezogenen Kakteen ausgeht, so bekommt das ohnehin besondere Interesse an diesen ungewöhnlichen Pflanzen zusätzlich einen enormen Stellenwert.
Es ist im Grunde selbstverständlich, dass man nur gesunde und besonders schöne bzw. charakteristische Kakteen zur Vermehrung heranziehen sollte, die darüber hinaus durch Blühfreudigkeit und Blütenfarbe sowie durch eine besonders schöne oder bizarre Bedornung und durch eine ausreichende Winterhärte auffallen.

Saatgut kaufen

Die Voraussetzung für eine erfolgreiche Aussaat von winterharten Kakteen ist, dass geeignetes und keimfähiges Saatgut verwendet wird. Im Allgemeinen kann das entsprechende Saatgut nur selten im üblichen Samenfachhandel erworben werden, qualitativ hochwerttiges Saatgut von winterharten Kakteen erwirbt man am besten bei gut sortierten Kakteengärtnereien oder auch bei privaten Kakteenfreunden, die sich auf die »Winterharten« spezialisiert haben.

MEIN RAT

Will man bestimmte Pflanzen bzw. bestimmte Eigenschaften erhalten, die den Mutterpflanzen im Erbgut vollständig gleichen, so führten allein die (vegetative) Stecklings- oder Sprossenvermehrung sowie die Teilung zum gewünschten Ergebnis.

Frostkeimer

Da die winterharten Kakteen vielfach Frostkeimer sind, stellt sich somit die Frage nach dem geeigneten Zeitpunkt für eine Erfolg versprechende Aussaat. Das bedeutet im Allgemeinen, dass die Samen von den meisten winterharten Kakteen nur nach Frosteinwirkung zufriedenstellend keimen werden.

In diesem Zusammenhang wurden in den vergangenen Jahrzehnten in diversen Berichten in der Fachliteratur unterschiedliche Methoden vorgestellt, wie man möglicherweise die Frostphase umgehen kann und wie das Saatgut von Frostkeimern mit größerem Erfolg zur Keimung gelangen kann. Bei sehr hartschaligen *Opuntia*-Samen kann ein vorsichtiges Anfeilen des Samenmantels (Arillusmantel) die Keimung wesentlich erleichtern und auch beschleunigen. Mit angefeiltem Samenmantel kann der *Opuntia*-Samen bereits nach etwa 20–25 Tagen keimen, während er ohne diese massive und aufwendige Keimhilfe durchaus mehr als drei Monate benötigen kann.

Winterharte *Opuntia*-Arten können sich auch selbst aussamen, wie dieses Beispiel zeigt.

MEIN RAT

Gute Keimergebnisse konnten auch erzielt werden, wenn der Samen von *Opuntia*-Arten im Spätherbst direkt an geeigneter Stelle ins Freiland – vor Schnecken und Mäusen geschützt – ausgesät wurde. Die Sämlinge werden im ersten Jahr nur etwa 1,5–2 cm hoch und dann im zweiten Jahr umgepflanzt, wenn sie zu dicht stehen.

Das Keimergebnis verbessern

Ebenfalls gute Keimergebnisse bei Frostkeimern wurden mit folgendem Verfahren erreicht: Eine flache Aussaatschale wird etwa 4 cm hoch mit Kakteenerde gefüllt (Mischungsverhältnis: 80 % mineralische Bestandteile, etwa 2 mm Granulatgröße und 20% ausgesiebte, feine, handelsübliche Kakteenerde). Jetzt das Saatgut aufstreuen, nicht zu dicht, leicht andrücken, aber keinesfalls mit Erde bedecken. Nach einer Anstauzeit mit Regenwasser, die etwa 60 Minuten dauert, wird die Schale anschließend für 2 bis 3 Wochen in die Tiefkühltruhe gestellt. Nach dem Auftauen sollte diese Aussaatschale sehr hell bzw. etwas sonnig in einem temperierten Gewächshaus untergebracht werden, damit sich die Keimlinge gut entwickeln können. Das Substrat darf in dieser Phase niemals austrocknen. Am besten legt man eine Glasscheibe auf die Schale, sodass über dem Substrat eine Luftschicht von 2–3 cm besteht. Unbedingt Staunässe vermeiden und gelegentlich gut lüften. Die kleinen Sämlinge werden leider gerne von Trauermücken (Sciara- oder Schwarze Fliege) heimgesucht, deren Larven ganze Aussaaten vernichten können – deshalb rechtzeitig einige der sehr wirkungsvollen Gelbtafeln in der unmittelbaren Nähe der Saatschalen aufhängen. Nach etwa 5–6 Monaten werden die kleinen Sämlinge erstmals pikiert und nach und nach abgehärtet. Nach etwa zwei Jahren kann man diese jungen, gut bewurzelten Opuntien bereits an Ort und Stelle ins Freiland setzen, aber Achtung: Es droht Gefahr durch Schneckenfraß!

Vegetative Vermehrung

Sollte kein Saatgut zur Verfügung stehen, ist die vegetative Vermehrung von winterharten Kakteen und anderen frostharten Sukkulenten die einzig mögliche Vermehrungsart, die auch von vielen Kakteenfreunden sehr erfolgreich praktiziert wird. Darunter versteht man die Abnahme von Seiten- oder basalen Sprossen, eine Teilung größerer Pflanzengruppen, die Stecklingsbewurzelung oder auch die Verwendung von Kopfstecklingen sowie das Pfropfen von empfindlicheren oder schwachwüchsigen Pflanzen auf robustere Unterlagen. Die vegetative Vermehrung garantiert auch die Erhaltung von bestimmten bzw. wünschenswerten Merkmalen der Pflanze, wie z. B. der Blütenfarbe. Üblicherweise erreichen gut bewurzelte Stecklingspflanzen erheblich schneller ihre Blühfähigkeit als Sämlinge, daher sollte man unbedingt nur absolut gesunde und reich blühende Pflanzen zur vegetativen Vermehrung verwenden, damit Erkrankungen und eventuell negative genetische Eigenschaften der Mutterpflanze – wie zum Beispiel Blühfaulheit und Schwachwüchsigkeit – nicht von dem Steckling weiterverbreitet werden.

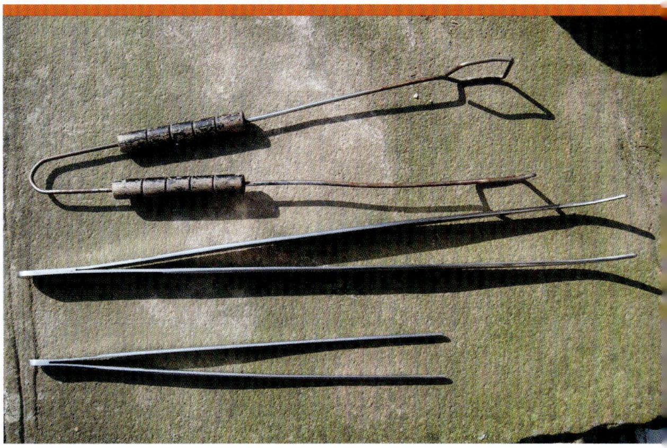

Gute Zangen und sichere Pinzetten sind für praktische Arbeiten mit Kakteen unerlässlich.

Mit einer langen und sicheren Pinzette hält man den Steckling fest und topft ihn ein.

MEIN RAT

Bei mehrtriebigen winterharten *Opuntia*-Arten ist eine Stecklingsvermehrung auch in größerer Anzahl möglich. Vor allem zu groß gewordene Gruppen kann man auf diese Weise nicht nur beträchtlich reduzieren, sondern auch sinnvoll zur Stecklingsvermehrung nutzen.

Echinocereus vermehren

Manche winterharte Kakteen, wie zum Beispiel *Echinocereus*-Arten, bilden nur selten basale Seitentriebe. Sollte dies einmal der Fall sein, so muss man prüfen, welcher Seitentrieb besonders kräftig und auch gut bewurzelt ist. Dazu nimmt man die Pflanze aus der Erde, um den Seitentrieb vorsichtig abzunehmen zu können – evtl. setzt man einen glatten Schnitt mit einem sehr scharfen Messer. Damit die Schnittstelle gut abtrocknen kann und keine Fäulnis entsteht, lässt man den *Echinocereus* etwa zwei Wochen an der frischen Luft liegen, bevor er wieder eingepflanzt wird.

Opuntia vermehren

Der beste Zeitpunkt zur Stecklingsvermehrung bei winterharten *Opuntia*-Arten sind die Monate Juli und August, da bis dahin die Neutriebe weitgehend ausgereift sind. Da sich aber nicht an jedem *Opuntia*-Blatt ein Neutrieb gebildet hat, kann man ab Mai natürlich auch ältere Blätter schneiden und zur Bewurzelung verwenden.

Einfacher Stecklingsschnitt! Problemlos mit einer sauberen und scharfen Schere und mit einer langen und sicheren Pinzette. Stets auch eine griffige Pinzette für Dornen im Finger bereithalten!

So lassen sich Stecklinge von *Escobaria* oder *Echinocereus* vorbereiten – falls es notwendig sein sollte.

Stecklinge entweder sofort pfropfen oder nach etwa drei Wochen vorsichtig bewurzeln.

Vor allem beim Umtopfen oder Teilen von winterharten Opuntien sind Pinzetten hilfreich.

Nach dem Zuschnitt der Stecklinge kann man auf eine geeignete Unterlage pfropfen.

Dazu wählt man natürlich gesunde, kräftige und fleckenfreie Blätter, die möglichst keine Früchte angesetzt haben sollten. Man schneidet den ausgewählten Blatttrieb mit einem sehr scharfen Messer oder einer geeigneten Gartenschere an der dünnsten Stelle zum nächsten Blatt ab. Hierbei darauf achten, dass der Schnitt glatt und sauber ist und dass keine eingerissenen Stellen, die zu Fäulnis führen können, zurückbleiben.
Die entstandenen Schnittflächen lässt man an einem halbschattigen, luftigen Ort etwa zwei Wochen abtrocknen, bevor man sie an dem neuen Standort etwa 2 cm tief wieder einsetzt oder in einer größeren Schale bewurzelt und erst nach der Bewurzelung an Ort und Stelle einsetzt. Bis zur Wurzelbildung können je nach Art und Zustand der Pflanze, Standort, Licht, Temperatur und Substrat etwa 3–6 Wochen vergehen.
Sehr effektiv ist auch die Bewurzelung bei Opuntien, die man zu diesem Zweck nahezu flach oder zumindest sehr schräg auf die Erdoberfläche legt, wodurch jene Stecklinge gleichzeitig an mehreren Stellen Wurzeln bilden und später aufgrund der höheren Energieaufnahme erheblich stärker durchtreiben können.

Pfropfen

Das erheblich aufwendigere Pfropfen ist eine durchaus akzeptable Variante der vegetativen Vermehrung, hat aber nur eine sinnvolle Berechtigung bei empfindlicheren winterharten Kakteenarten wie z. B. *Sclero-*, *Pedio-* und *Austrocactus*, deren Wurzeln mitunter durch die winterliche Nässe in unseren Breiten Schaden nehmen können.
Als besonders robuste und auch gut wüchsige winterharte Pfropfunterlagen haben sich unter anderem bewährt: *Opuntia phaeacantha, Opuntia humifusa, Opuntia polyacantha*. Interessante Ergebnisse lassen sich auch mit *Cylindropuntia imbricata* als Pfropfunterlage erzielen.
Man sollte vor jeder Pfropfung berücksichtigen, dass eine stark wachsende winterharte Unterlage in relativ kurzer Zeit den Pfröpfling nicht nur zu extremer Sprossung, sondern auch zu einem untypischen Wuchs treiben kann. Doch eine sinnvolle und wohlüberlegte, zielbewusste

MEIN RAT

Frische Schnittstellen von *Opuntia*-Stecklingen können auch unter sorgfältiger Beachtung der Anwendungsvorschriften in handelsübliches Bewurzelungspulver getaucht werden, damit es rascher zur Bewurzelung kommt.

Verschiedene Möglichkeiten der Pfropfung

Seitenspross abtrennen

Pfropfung einer Jungpflanze

Pfropfung bei Opuntien

Schrägpfropfung bei *Maihuenia* (auf winterharte *Opuntia*)

Pfropfung zum Erhalt und zur Vermehrung von seltenen und schwierigen winterharten Kakteen kann eines der wichtigsten Argumente für die Methode sein. Da die notwendigen Pfropfunterlagen unbedingt ausgereift sein müssen, werden Pfropfungen von winterharten Kakteen im Juli oder August ausgeführt. Wer ein Gewächshaus hat, kann auch später pfropfen.

So wird es gemacht

Man beginnt mit dem Schneiden der Stecklinge, die als Unterlagen dienen sollen, und entfernt sicherheitshalber die eventuell zu langen Dornen mit einer guten Schere. Die nur aus einem Blatt (einem Triebblatt) bestehenden unbewurzelten Unterlagen werden dann etwa zu einem Drittel in kleine Töpfe mit überwiegend mineralischer Kakteenerde gesteckt.
Anschließend wird der ausgewählte Pfröpfling mit einem peinlich sauberen und sehr scharfen Messer von der Mutterpflanze abgetrennt und unmittelbar danach ebenfalls das obere Drittel der Pfropfunterlage, wobei man die beiden Schmalseiten der Unterlage etwas abkanten sollte. Weil beide Schnittflächen keinesfalls abtrocknen dürfen, wird der Pfröpfling unverzüglich mit leichtem Druck auf die Unterlage gedrückt und mittels zweier über Kreuz geführter Gummiringe gehalten, die unter dem Topf durchgeführt werden. Der so fixierte Pfröpfling ist in etwa 3–4 Wochen fest angewachsen, sodass man die zur Fixierung benötigten Gummiringe wieder entfernen kann. Zu diesem Zeitpunkt hat die Unterlage bereits erste Wurzeln gebildet. Am besten überwintert man die Pfropfungen in einem unbeheizten Frühbeet oder auch auf einer unbeheizten Fensterbank in einem kühlen, aber sehr sonnigen Raum.

Empfindliche winterharte Kakteen kann man auf eine robuste Unterlage pfropfen.

Das Substrat

Diskussionen über die ideale Substratzusammensetzung für winterharte Kakteen gibt es seit Langem, weil jeder Kakteenfreund seine eigenen Erfahrungen machen konnte. Ganz entscheidend für den Erfolg bei winterharten Kakteen sind die Ausrichtung der Anlage, ihre Hangneigung nach Süden, ob sie mit oder ohne Regenschutz auskommt, die Sonnenintensität, die Wärmespeicherung, die Dränage und natürlich das Substrat. Nochmals, weil es so wichtig ist: Voraussetzung für die optimale Kultur von winterharten Kakteen ist eine nach Süden geneigte, mehr oder weniger leichte, schattenfreie Hanglage, die zum einen besser von der Sonne bestrahlt wird und zum anderen überschüssiges Regenwasser besser ablaufen lässt. Und wenn dann noch die Dränage effektiv ist und Staunässe sicher verhindert, dann können sich eigentlich nur Erfolge bei der Kultur von winterharten Kakteen zeigen.

Mischungen im Test

In den vergangenen Jahrzehnten habe ich immer wieder verschiedene Substratmischungen getestet und die Ergebnisse mit denen der Vorjahre verglichen. Man kann – offen gesprochen – nicht eindeutig feststellen, dass eine bestimmte Substratmischung die unbestritten beste ist, denn es gibt viele Faktoren zu berücksichtigen. Was nutzt ein tolles Substrat, wenn die winterharten Kakteen unter permanenter Staunässe leiden? Ausfälle in den Wintermonaten sind dann vorprogrammiert.

Wichtig: Dränage

Einer guten Dränage sollte unbedingt Beachtung geschenkt werden, eine gute Dränage und

Zur Herstellung von Kakteenerde können unterschiedliche Materialen verwendet werden.

Als mineralische Bestandteile eignen sich Lava- oder Granitgrus, Bims oder Seramis.

die Substratmischung müssen geradezu eine Symbiose miteinander eingehen. Je nach Effektivität kann eine Dränageschicht dicker oder auch dünner sein.
An besonders feuchten Stellen oder in Bereichen mit sehr geringer Neigung kann eine Dränageschicht durchaus etwa 10–15 cm betragen. Geeignet sind grob zerschlagene Tonscherben von alten und nicht mehr verwendeten Tontöpfen oder auch grober Schotter. Runde Kieselsteine sollte man tunlichst nicht verwenden, weil diese Schicht eventuell ins Rutschen kommen kann, sollte die Hangneigung zu steil sein. Auf die eigentliche Dränageschicht werden verschiedene größere oder auch kleinere Steine gesetzt, die zum einen als Wärmespeicher dienen und zum anderen der Anlage ein »Gesicht« geben sollen. Größere Tuffsteine eignen sich vorzüglich zum Bepflanzen mit *Sempervivum-* und *Sedum*-Arten.

Zierende Steine

Bei der Auswahl der geeigneten Findlinge sind der eigenen Fantasie keinerlei Grenzen gesetzt. Man kann sogar größere rustikale Baumwurzeln in die künftige Kakteen-Anlage integrieren – für die Optik und zum Bepflanzen. An den Hängen des Jura und im Voralpenland sowie in der Vulkaneifel findet man ideale Solitärsteine in vielfältigen Formen und Größen, die für eine attraktive Kakteen-Anlage wie geschaffen sind. Im Übrigen bieten zahlreiche gut sortierte Landschaftsgärtnereien oftmals eine große Auswahl an Solitärsteinen an und sind darüber hinaus auch hilfreich beim Transport von besonders gewichtigen Exemplaren.

Nachdem die Steine an ihrem Platz sind, füllt man die Zwischenräume etwa 15 cm hoch mit der eigentlichen vorbereiteten Substratmischung auf, die etwa zu gleichen Teilen aus handelsüblicher Kakteenerde, Bims-, Lava- und/oder Granitgrus, mittelfeinem Basaltsplitt, zerstoßenen Blähtonkugeln, einem mittelfeinen Sand-Kies-Gemisch und Gartenerde bestehen sollte. Falls der eine oder andere Bestandteil dieses idealen Substrates nicht erhältlich ist, kann man durch die Erhöhung anderer, ähnlicher Bestandteile die Verhältnismäßigkeit der Substratmischung bewahren.

In diesem schattenfreien Kakteengarten gedeihen die Pflanzen in mineralischem Substrat.

Staunässe verhindern

Die oben genannte Substratmischung kann selbstverständlich variiert werden – je nach Empfindlichkeit der Pflanzen und deren Standort, nach Lage der Kakteen-Anlage und Effektivität der Dränage. Weshalb Dränage, die es in dieser Form an den heimatlichen Standorten der Kakteen oftmals gar nicht gibt? Dort herrscht aber ein anderes, wintertrockeneres Klima mit geringeren Niederschlägen, kürzeren Nässephasen und vielfach auch heftigeren Winden, die die Erdoberfläche rascher abtrocknen. Aus diesem Grunde müssen wir der Staunässe entgegenwirken! Es besteht nur die Möglichkeit des Regenschutzes, der Verbesserung der Substratdurchlässigkeit und einer effektiven Dränage. Wurzelschäden durch permanente Staunässe führen zwangsläufig zum Verlust der Pflanze – das sollte durch die geschilderten Maßnahmen verhindert werden. Wenn das gelingt, werden wir lange Freude an unseren winterharten Kakteen und an anderen frostharten Sukkulenten haben.

Ein richtig angelegter Kakteengarten macht Freude und nur wenig Arbeit – so soll es sein!

Kakteenerde selbst mischen

Um eine Mischung von 100 Litern durchlässiges Substrat für winterharte Kakteen herzustellen, benötigt man:
20 Liter handelsübliche Kakteenerde;
10 Liter mittelfeiner Bimsgrus (etwa 1–4 mm); 10 Liter mittelfeiner Lavagrus (etwa 1–4 mm); 10 Liter mittelfeiner Granitgrus (etwa 1–4 mm); 10 Liter Basaltsplitt (etwa 2–8 mm); 10 Liter zerstoßene Blähtonkugeln oder auch Seramis; 10 Liter mittelfeines Sand-Kies-Gemisch (etwa 2–4 mm); 20 Liter ausgesiebte Gartenerde

Sollte der eine oder andere Bestandteil nicht erhältlich sein, werden die anderen, ähnlichen Anteile entsprechend erhöht, um die Verhältnismäßigkeit zu wahren. Das Ziel muss eine durchlässige Substratmischung sein, um Staunässe zu vermeiden.

Pflege rund ums Jahr

Im Gegensatz zu anderen Pflanzen benötigen winterharte Kakteen und andere Sukkulenten relativ wenig Pflege. An geschützten, sonnigen und trockenen Standorten sind winterharte Kakteen besonders pflegeleicht, sofern man die richtigen Arten erworben hat. Dennoch sind gewisse Maßnahmen über das Jahr verteilt unerlässlich, um Schäden oder Verluste zu vermeiden.

Frühjahr

Nach der Schneeschmelze sehen die Sprossglieder der winterharten Opuntien üblicherweise etwas geschrumpft aus, viele haben sich zu Beginn der kalten Jahreszeit flach auf die Erdoberfläche gelegt. Auch *Sempervivum*- und *Sedum*-Arten benötigen jetzt einige Wochen, um durch Sonne und Trockenheit wieder ihre alte gewohnte Schönheit zu erreichen. Bei zu großer Nässe in den Wintermonaten könnten auch Wurzeln abgefault sein – hier ist Kontrolle notwendig. Auf Pilzbefall deuten dunkelbraune bzw. schwarzbraune Flecken hin und lassen auf absterbende Sprossblätter schließen. Während einige *Opuntia*-Arten empfindlich mit Fleckenbildung auf zu hohe Feuchtigkeit in Verbindung mit winterlichen Temperaturen reagieren, nehmen wiederum andere Opuntien jene Witterungsunbilden gelassen und ohne jeden Schaden hin. In den ersten Wochen nach der Schneeschmelze ist es auch sehr wichtig, alle winterharten Kakteen samt den anderen frostharten Begleitpflanzen von Unkrautresten und Laub zu befreien, damit die Pflanzen abtrocknen können. Bei durchlässigem Substrat wird man erheblich geringere Wurzelschäden feststellen, als dies bei lehmiger Erde mit entsprechender Staunässe der Fall ist. Man muss auch berücksichtigen, dass mit zunehmendem Alter winterharter Opuntien in unseren Breiten die Anfälligkeit gegenüber Pilzerkrankungen zunehmen kann. Deshalb erkrankte, frostgeschädigte oder auch zu alte, verholzte Opuntien durch Neubewurzelung radikal verjüngen. Sie danken es mit reicher Blüte!

Winterbedingte Schäden

Wie sehr viele Kakteen gehören auch die winterharten Opuntien zu den Flachwurzlern.
Starke Niederschläge oder auch abrutschende Schneemengen können einen Teil der Wurzeln freilegen oder auch ganze Pflanzen zum Abrutschen bringen. Diese freiliegenden Wurzeln sollten möglichst rasch wieder mit durchlässigem Substrat bedeckt werden. Bei dieser Gelegenheit hat man die Möglichkeit, auf Wurzeln bzw. Wurzelstücke von Unkräutern zu achten – z. B. Quecke und auch Ackerwinde, die unbedingt samt Wurzel entfernt werden müssen.
Auch die Wurzeln der anderen winterharten Kakteen (*Escobaria, Echinocereus* u. a.) und der winterharten Begleitpflanzen können – je nach Standort – durch extrem starke Niederschläge oder durch Abrutschung größerer Schneemengen teilweise freigelegt werden. Deshalb muss auch in diesen Fällen rechtzeitig eingegriffen werden. Sollte dies öfter passieren, ist vielleicht der Standort ungeeignet und eine andere Standortwahl in Betracht zu ziehen.

Mit einer langen Pinzette oder einer Grillzange lassen sich Kakteen beim Umtopfen besser anfassen.

Und bei dieser Gelegenheit kann man größere Pflanzen auch ausgezeichnet teilen.

Zum Stecklinge-Schneiden nimmt man eine lange Pinzette und eine scharfe Gartenschere.

Eine gute Dränage ist für winterharte Kakteen besonders wichtig – bitte nicht vergessen!

MEIN RAT

Von Mitte April bis Mitte Juli ist die beste Zeit, um eine neue Steingarten-Anlage für winterharte Kakteen anzulegen. In dieser Zeit kann man auch ausgereifte *Opuntia*-Stecklinge – am besten Blatttriebe vom Vorjahr – zur Bewurzelung stecken. Sie haben dann noch ausreichend Zeit, um bis zur Winterruhe Wurzeln bilden zu können.

Sommer

Die Frühsommermonate sind für einen Sammler von winterharten Kakteen wohl die schönsten, da in dieser Zeit nicht nur die *Opuntien* herrlich blühen, sondern auch *Echinocereus, Escobaria, Sempervivum, Sedum, Delosperma* und viele andere mehr. Für die Bewässerung sorgen im Allgemeinen der Regen und die Tauniederschläge in den frühen Morgenstunden. Nur bei sehr langen Hitze- und Trockenperioden empfiehlt sich gelegentliches Überbrausen, vor allem dann, wenn die Pflanzen regengeschützt kultiviert werden. Lediglich frisch gepflanzte Stecklinge oder noch kleinere Jungpflanzen bedürfen von Zeit zu Zeit zusätzlicher Wassergaben, um besser anwachsen zu können.

Düngen oder nicht?

In den Frühsommer gehört auch das immer wieder angesprochene Thema, ob man winterharte Kakteen düngen muss, und wenn ja, wie oft und mit welchem Dünger. Ich gestehe, dass ich in meiner Sammlung nur sehr wenig Dünger einsetze und schon gar nicht flächig dünge, sondern bei Bedarf nur sehr gezielt und bewusst. Es ist besser, wenn eine winterharte *Opuntia* langsam wächst, robust bleibt und über eine schöne Bedornung verfügt, als wenn sie durch überhöhte Düngung mastig wird, überreich blüht und in der kalten und nassen Jahreszeit erheblich anfälliger für Erkrankungen wird.

Wer unbedingt düngen möchte, sollte dies bereits Ende März oder Anfang April machen, damit der einsetzende Neutrieb nicht zu sehr in den Spätsommer hineinreicht, denn die Neutriebe der Pflanze müssen rechtzeitig ausreifen. Bei einer bewussten und gezielten Düngung ist eine geringe Düngermenge eher zu empfehlen als eine Überdosis. Es reicht völlig, wenn man in den Monaten März, April und Mai pro Quadratmeter etwa 10 g Volldünger ausbringt. Der einschlägige Fachhandel bietet zahlreiche geeignete Dünger an, die für Kakteen und andere sukkulente Pflanzen geeignet sind. Bitte achten Sie auf ein möglichst ausgewogenes Verhältnis

Auf solche Blüten freuen sich alle Kakteenfreunde – ob im Steingarten oder im Gewächshaus.

MEIN RAT

Einer phosphorbetonten ersten Düngung im Frühjahr zur gezielten Förderung des Blütenansatzes könnte eine kali- und magnesiumbetonte Düngung folgen, die eine etwas verbesserte Härte bei der Überwinterung zur Folge haben kann.

von Stickstoff (N), Phosphor (P), Kalium (K) und Magnesium (Mg). Optimal wäre für Kakteen und winterharte Kakteen das folgende Verhältnis dieser Hauptnährstoffe: N : P : K : Mg = 1 : 3 : 5 : 0,5.

Lästiger Wildwuchs

Dass unsere winterharten Kakteen in den Sommermonaten ausgezeichnet wachsen, freut alle Kakteenfreunde verständlicherweise sehr. Aber bedauerlicherweise wuchern in dieser Zeit auch eine ganze Reihe lästiger Unkräuter, wie z. B. Quecke, Ackerwinde oder Zimbelkraut, die unbedingt vor der Samenbildung restlos entfernt werden müssen. Leider suchen sich diese und andere Unkräuter immer wieder die dichtesten Kakteenstandorte aus, sodass dem geplagten Kakteenfreund nur das vorsichtige Herausziehen der lästigen Unkräuter unter Zuhilfenahme einer besonders langen Pinzette bleibt. Notfalls kann man auch mit einem sehr langen Messer die Unkräuter möglichst tief abstechen. Es ist aber wichtig zu wissen, dass jedes kleine Wurzelstück von Quecke, Ackerwinde und Co. erneut austreibt und uns erneut ärgern wird. Vorbeugend kann man nicht viel tun, man sollte aber zumindest die nähere Umgebung seiner winterharten Kakteen unkrautfrei halten. Herbizide sollen grundsätzlich nicht angewendet werden, zumal sie nicht nur der Umwelt, sondern auch den sukkulenten Pflanzen schaden. Auch Insektizide – und seien sie angeblich noch so harmlos – sollten in einer Kakteensammlung nicht angewendet werden. Es ist ratsamer, Nutzinsekten aller Art fördern!

Bei besonders stark wachsenden *Opuntia*-Arten und auch bei verschiedenen *Sempervivum*- und *Sedum*-Sorten, aber auch bei einigen *Delosperma*-Arten, sollte man in den Monaten Juli und August reduzierend eingreifen, wenn die Gefahr besteht, dass langsamer wachsende Begleitpflanzen geradezu überwuchert werden. Man gewinnt dadurch nicht nur Platz für die langsamer wachsenden Pflanzen, sondern auch Material zur vegetativen Vermehrung.

MEIN RAT

Kranke oder nicht verwendbare *Opuntia*-Blätter gehören nicht auf den Kompost, sondern in die Bio-Tonne oder auf die Recycling-Deponie, da die Dornen der Opuntien auch nach vielen Jahren nicht verrottet sind. Und wer sticht sich schon gerne bei der Gartenarbeit seine eigenen *Opuntia*-Dornen in die Finger?

Herbst und Winter

Trotz der noch vielfach hochsommerlichen Tagestemperaturen in den Spätsommer- und Herbsttagen sind gewisse Maßnahmen zu er-

greifen, um winterharte Kakteen und andere frostharte Sukkulenten auf den Winter vorzubereiten. Dabei spielt es keine Rolle, ob die Kakteen im Steingarten, im Kübel oder in einem frostfesten Balkonkasten sitzen.
Wie zu allen anderen Jahreszeiten, so ist es auch im Herbst wichtig, dass die Pflanzen unkrautfrei gehalten werden, denn von Unkräutern überwucherte Kakteen können in der nassen und niederschlagsreichen Zeit kaum richtig abtrocknen und gehen daher relativ rasch in Fäulnis über.

Regenschutz

Besonders nässeempfindliche Kakteen werden in den späten Herbstmonaten mittels einer stabilen und vor allem windsicheren Abdeckung vor Niederschlägen geschützt. Wichtig ist, dass diese Abdeckmaterialien das Sonnenlicht ungehindert durchlassen. Geeignet hierfür sind unter anderem die überall erhältlichen Doppelstegplatten, die in verschiedenen Stärken erhältlich sind. Aber auch mit einer reißfesten, klaren Folie bespannte Holzrahmen oder ausgediente alte Fenster lassen sich ausgezeichnet nutzen, um besonders empfindliche winterharte Kakteen vor zu viel Nässe zu schützen. Wichtig ist, dass die Luft von allen Seiten ungehindert zirkulieren kann.

Achtung Herbststürme

Da die Herbst- und Winterstürme oftmals eine ungeahnte Heftigkeit erreichen können, müssen die Abdeckungen sehr gut gesichert sein. Ein mit mir befreundeter Kakteensammler hatte einige seiner empfindlicheren winterharten Kakteen recht gut mit ausrangierten alten Fenstern gesichert, die mehrere Kilos wogen. Aber der berüchtigte Sturm »Lothar« riss mehrere der schweren Fenster aus ihrer Verankerung und wirbelte sie wie Laub durch die Luft. Drei dieser Fenster durchschlugen in etwa 80 m Entfernung einen Wintergarten und ein weiteres Fenster zerschlug eine Panoramascheibe in einem 250 m entfernten Wohnhaus. Deshalb sollten derartige Abdeckungen besonders gesichert werden, in der Hoffnung, dass uns ein Sturm dieser Stärke hoffentlich nicht wieder heimsucht. Selbstverständlich muss eine solche Abdeckung so solide und stabil sein, dass sie auch größere Schneelasten aushält.

Die kalte Jahreszeit kommt

Durch erhebliches Schrumpfen von Sprossen und Trieben bereiten sich die sukkulenten Pflanzen auf die kalte Jahreszeit vor. Während sich die Blatttriebe von flach wachsenden *Opuntia*-Arten wie z. B. *Opuntia humifusa* dicht auf die Erdoberfläche legen, hängen die in den

Diese beiden Opuntien wurden als völlig winterhart gekauft. Ergo: Fragen Sie lieber einen Fachmann!

Sommermonaten aufrecht stehenden Triebe von *Cylindropuntia imbricata* in den Wintermonaten schlaff nach unten. Also ein völlig normaler Vorgang bei winterharten Opuntien, der kein Grund zur Sorge darstellt. In dieser Zeit wäre es somit völlig falsch und würde auch evtl. zum Verlust der Pflanze führen, wenn man diesen überlebensrelevanten Schrumpfungsprozess durch zusätzliche hohe Wasser- oder Düngergaben verhindern wollte.

Etiketten sichern

Viele Kakteenfreunde ärgern sich in der kalten Jahreszeit darüber, dass die Stecketiketten neben ihren winterharten Kakteen immer wieder herausgezogen sind und erneut eingesteckt werden müssen, sofern man sie überhaupt noch wiederfindet. Es sind nicht immer die Amseln (aber oftmals!), die auf der Suche nach Futter diese meist recht kurzen Kunststoffetiketten aus dem Boden ziehen. Manchmal hilft auch der Frost ein wenig mit und schiebt die glatten Etiketten etwas nach oben. Was lässt sich tun, um dieses winterliche Phänomen zu verhindern?

Ein Trick ist es, die wichtigsten Etiketten zu lochen und dann mit einem dünnen Bindedraht direkt an die betreffenden Pflanzen oder an ein separates Stäbchen zu binden, das dann tiefer ins Substrat gesteckt werden sollte. Man kann größere oder auch längere Namensschilder verwenden oder auch Metallschilder mit langem Bodenstecker einsetzen, aber je größer die Schildchen werden, desto unschöner sehen sie in einer Kakteensammlung aus. Eine nette Idee ist, größere Kieselsteine mit wetterfester Tusche zu beschriften, die zwar nicht ewig hält, aber die Amseln wirkungsvoll am Herausziehen hindert. Einen Versuch ist es immer wert!

Ein Kakteengarten unter einer dicken Schneedecke. Wenn die Pflanzen im Frühjahr keine Schäden aufweisen, hat man die richtigen Pflanzen eingekauft und war der Standort optimal.

MEIN RAT

Die Wintermonate sind für viele Vögel auch Notzeiten, wenn es um die Futtersuche geht. Und so kann es immer wieder vorkommen, dass Amseln oder auch Mäuse in größeren Polstern von *Sempervivum, Jovibarba* oder *Sedum* nach Nahrung suchen und dabei auch größere Pflanzenpolster total verwüsten. Also immer mal wieder nachschauen und kontrollieren und die kräftigsten Pflanzen wieder einsetzen.

Krankheiten und Schädlinge

Winterharte Kakteen und andere frostharte Begleitpflanzen sind in aller Regel sehr robust. Wenn man nicht gerade gravierende Kulturfehler macht, werden sie wohl kaum von Schädlingen befallen, und Pilz- oder auch Viruserkrankungen treten relativ selten auf.
Damit das so bleibt, sind natürlich unabdingbare Voraussetzungen für den Erhalt der enormen Widerstandskraft dieser robusten Pflanzen notwendig: optimale Pflege- und Kulturbedingungen wie eine schattenfreie Südhanglage, durchlässiges Substrat, eine effektive Dränage, sparsame und gezielte Düngergaben, Vermeidung von permanenter Staunässe und eine unkrautfreie Sammlung sowie natürlich die richtigen, abgehärteten Pflanzen.

Schnecken

Obwohl bereits immer wieder darauf hingewiesen wurde, sei es hier nochmals wiederholt: Zu den gefährlichsten tierischen Schädlingen für die winterharten Kakteen zählen ganz allgemein die Nacktschnecken. Aber auch die diversen Gehäuseschnecken lieben die jungen Triebe, Knospen und Blüten in den Steingärten und Kakteen-Anlagen.
Was kann man gegen diese Plage tun? Ein heikles Thema für Kakteen- und Naturfreunde, denn einerseits möchte man verständlicherweise seine Pflanzen schützen, aber andererseits sind sehr viele Kakteenfreunde auch sehr naturverbunden und wollen die Schnecken nicht töten.
Vor allem in der warmen Jahreszeit überfallen Schnecken aller Art – meist nach Niederschlägen – die winterharten Kakteen in den Abend- und Nachtstunden. Und wenn sich dann noch in unmittelbarer Nähe ein Wiesengelände befindet, sind *Opuntia*-Jungpflanzen oder Neutriebe häufig in einer Nacht im wahrsten Sinne des Wortes aufgefressen oder zumindest so stark beschädigt, dass die Reste nur noch entsorgt werden können.

Die beste Methode

Es ist daher immer ratsam, die Schnecken in den Abend- oder Nachtstunden unter Zuhilfenahme einer Taschenlampe abzulesen. Leider nutzt es gar nichts, die lieben Tierchen kurzerhand über den Zaun zu werfen – in der darauffolgenden Nacht sitzen sie alle wieder auf den Kakteen. Man kann die aufgesammelten Schnecken natürlich auch einige hundert Meter wegtragen und dann wieder aussetzen. Aber da sie sich unglaublich vermehren können und zudem einen erstaunlichen Geruchsinn besitzen, kann

Nackt- und Gehäuseschnecken können vor allem bei feuchtem Wetter erhebliche Schäden verursachen.

man viele von ihnen bald wieder auf den Kakteen begrüßen. Fraßschäden verursachen die Gartenzirkelschnecke, die Hainzirkelschnecke, die Weinbergschnecke sowie Nacktschnecken. Ich verwende keinerlei Schneckenkorn, weil ich weder Vögel noch herumstreunende Igel gefährden möchte, sondern ich zerteile – wenn es nicht zu vermeiden ist – die Nacktschnecken mit einer scharfen Gartenschere. Am nächsten Morgen sind die Reste meist durch Vögel oder herumstreunende Igel verzehrt worden. Und falls dennoch etwas übrig bleibt, machen sich todsicher die eigenen Artgenossen darüberher. Der Eigeninitiative bei der Schneckenbekämpfung sind eigentlich keinerlei Grenzen gesetzt. Man kann versuchen, einen Schneckenzaun zu errichten, Versteckmöglichkeiten z. B. unter ausgelegten Brettern kontrollieren, oder auch trockene und raue Oberflächen schaffen, die Schnecken überhaupt nicht mögen. Umstritten ist die Wirkung von Bierfallen oder auch von umgedrehten Kartoffelhälften, weil dadurch weitere Schnecken aus der Umgebung angelockt werden können.

Bierfallen galten lange als sehr wirksam, aber nach neuen Erkenntnissen ziehen sie Schnecken aus der Umgebung geradezu an.

Pilzerkrankungen

Phytopathogene Pilze können auch bei winterharten Kakteen auftreten. Es handelt sich dann meist um die Pilze Fusarium oder Phytophthora, die eine sogenannte Wurzelhalsfäule verursachen können. Diese beginnt in den meisten Fällen an der Basis dicht über der Erdoberfläche. Die befallenen Pflanzen können in wenigen Wochen absterben und verwandeln sich in eine breiige, wässrige, braune Masse. Sie gehören schnellstens in die Mülltonne und nicht auf den Kompost. Auch augenscheinlich nicht befallene Blätter müssen vernichtet werden.

Was tun?

Sämtliche befallene Pflanzen sind großzügig zu entfernen, die umgebende Erde sollte großflächig ausgetauscht und sämtliche Arbeitsgeräte wie Schaufel, Messer, Schere, Pinzette, Eimer usw. müssen gesäubert werden, damit der Pilz nicht weiter übertragen werden kann. Die beste und sinnvollste Bekämpfungsmethode gegen die diversen phytopathogenen Pilze sind ein durchlässiges Substrat, ein extrem sonniger und luftiger Standort sowie bei Bedarf entsprechender Regenschutz. Vermeiden lässt sich ein Befall niemals, aber optimal kultivierte winterharte Kakteen erkranken nur sehr selten.

Bei allgemein sehr ungünstigen Bedingungen wie Dauerregen, zu nassem Boden und zu kühler Witterung können mitunter unschöne Blattflecken entstehen. Stark befallene Blätter kann man wegschneiden und entsorgen.

TIPP

Sollte tatsächlich ein phytopathogener Pilz auftreten, ist unbedingt darauf zu achten, dass durch ein sehr bewusstes pflanzenhygienisches Verhalten sämtliche Gerätschaften stets peinlich sauber gehalten werden müssen, damit die Erkrankung nicht unnötigerweise weiterverbreitet wird. Nach jedem Schnitt sind Schere, Messer, Zange, Pinzette usw. gründlichst zu reinigen. Angefallene Abfälle werden verbrannt oder in einer Bio-Tonne oder auf einer Recycling-Deponie entsorgt. Sie gehören keineswegs auf den Gartenkompost!

Ameisen

Ameisen können ebenfalls Schäden anrichten! Sie lieben die warmen Kakteenstandorte und bauen dort teilweise recht voluminöse Nester, sodass kleinere Pflanzen oft völlig überbaut werden und unter einem Hügel verschwinden. Wenn dann die Sonne längere Zeit auf die dunkle Erdschicht scheint, werden die darunter liegenden Pflanzen durch die entstehende Hitze regelrecht »gekocht« und haben sich anschließend weißlich verfärbt.

Mit einem öfter eingesetzten kräftigen Wasserstrahl lassen sich bauwillige Ameisen mitunter vertreiben – es kann aber sein, dass sie sich dann lediglich einen anderen »Bauplatz« suchen. Unter anderem bieten Drogerien, gut sortierte Pflanzenmärkte und auch Gärtnereien sehr gute und wirkungsvolle Mittel an, die zur Vertreibung von Ameisen geeignet sind.

Blattläuse

Blattläuse tauchen in einer Sammlung immer mal wieder auf, sowohl an den winterharten Kakteen in Gewächshäusern als auch im Freiland. Sie sitzen an den zarten Jungtrieben und an Blütenknospen und werden meist intensiv von Ameisen »gemolken«. Mit einem kräftigen Wasserstrahl lassen sich allzu hartnäckige Blattläuse leicht in Schach halten und bei häufigerer Anwendung eventuell sogar vertreiben.

Insektizide?

Auf Insektizide kann bei der Kultur von winterharten Kakteen grundsätzlich verzichtet werden, denn weder Schildläuse, noch Spinnmilben (Rote Spinne), Woll- oder Wurzelläuse fühlen sich bei den hohen Temperaturunterschieden zwischen Tag und Nacht sowie Sommer und Winter und den Witterungsunbilden im Freien so richtig wohl, denn diese Schädlinge breiten sich mit Vorliebe in gleichmäßig temperierten Gewächshäusern aus.

Winterharte sukkulente Pflanzen im Überblick

Es würde den zur Verfügung stehenden Raum sprengen, wenn alle in der Literatur aufgeführten winterharten Sukkulenten berücksichtigt oder gar besprochen würden.
In den nächsten Jahren werden aber mit Sicherheit weitere frostharte Kakteen in den Sammlungen auftauchen – seien es Züchtungen, Zufallsauslesen oder Neufunde. Das Thema »Winterharte Kakteen« hat aber besonders unter dem Damoklesschwert drastisch steigender Energiekosten einen enormen Stellenwert erhalten. Viele Kakteensammler suchen eine sinnvolle Alternative, um ihre Gewächshäuser nicht mehr heizen zu müssen. Und da liegt die Überlegung nahe, ob eine Sammlung mit winterharten Kakteen nicht eine gewisse Energiekostenersparnis bringen könnte, und zudem erschließt sich ein völlig neues Sammelgebiet.
Zahlreiche erfahrene Kakteensammler haben sich seit Jahrzehnten mit der einschlägigen Fachliteratur befasst, um genaue Standortinformationen von bestimmten Kakteenarten und alle Details über die heimatlichen Klimaverhältnisse zu erhalten. Und so tauchen immer wieder Vermutungen, Hinweise und Hypothesen über die angebliche erstaunliche Frosthärte von einigen Kakteen auf, die in gewisser Weise sehr überraschend sein können. Auch ich selbst experimentiere immer wieder mit einigen Kakteen und anderen sukkulenten Pflanzen an verschiedenen Standorten und in unterschiedlichen Klimabereichen. Selbstverständlich sind Misserfolge immer ärgerlich, aber jeder Erfolg erzeugt eine gewisse Euphorie und bestätigt, dass das Thema der winterharten Kakteen in unseren Breiten eine große Zukunft haben wird.

Besonders frostharte Kakteen

Unter anderem wird gelegentlich für die nachstehenden Kakteen über eine erstaunliche Frosthärte berichtet: *Gymnocalycium bruchii, G. gibbosum, Mammillaria barbata, M. glassii, M. lasiacantha, M. longiflora, M. meiacantha, M. mieheana, M. moelleriana, M. rhodantha, M. saboae, M. theresae*
Gewiss, Berichte über besondere Frosthärte sollte man stets mit der gebotenen Vorsicht zur Kenntnis nehmen, denn es versteht sich eigentlich von selbst, dass ein *Gymnocalycium bruchii* im Gebiet von mildem Weinbauklima der Pfälzer Bergstraße durchaus winterhart sein kann, während die gleiche Pflanze einen Winter auf der rauen Schwäbischen Alb nicht überstehen würde. Wer sich auf dieses Experimentierfeld begibt, sollte mit Rückschlägen und Enttäuschungen leben können.

Was kommt auf Sie zu?

Lieber Leser, wenn Sie jetzt von winterharten Kakteen und anderen frostharten Sukkulenten begeistert sind und sich einen Steingarten mit diesen Pflanzen anlegen wollen, dann haben Sie ebenso »Feuer gefangen« wie ich damals vor über 50 Jahren. Nun, einen winzig kleinen Unterschied gibt es doch, denn damals musste ich aus Unkenntnis zahlreiche Rückschläge und bittere Enttäuschungen einstecken, was mich beinahe zur Aufgabe des Hobbys gebracht hätte. Und im Gegensatz zur damaligen Zeit hat man heute doch eine enorme Pflanzenauswahl und vor allem informative Fachliteratur zur Verfügung. Schauen Sie sich deshalb die infrage kommenden Standorte genau an – im Garten, auf dem Balkon, auf der Fensterbank oder auf dem Garagendach. Ist die Lage nach Süden oder Südwesten ausgerichtet und schattenfrei? Kann der Kakteen-Steingarten evtl. unmittelbar vor einer nach Süden freistehenden Mauer errichtet werden? Könnte man im Bedarfsfalle auch einen Regenschutz für etwas empfindlichere winterharte Kakteen installieren?
Auch sollte man die Kosten für einen Kakteen-Steingarten sowie die Folgekosten nicht unberücksichtigt lassen.

Kosten für die Pflanzen!

Falls Sie keinen erfahrenen Sammler für winterharte Kakteen in Ihrer Nähe haben, kann ich evtl. mit Hinweisen und Tipps weiterhelfen. Ein erstes Sortiment sollte nur aus besonders robusten Pflanzen bestehen, die nicht gleich jeden Pflegefehler übel nehmen. Und mit den ersten Erfolgen wird man dann auch etwas mutiger. Gute Erfahrungen haben noch nie geschadet!

Kosten für Dränage und Substrat!

Lassen Sie sich Zeit mit dem Zusammenstellen von geeignetem Dränagematerial und den Substratbestandteilen. Wer zu sehr an der Dränage und an den Substratbestandteilen spart und im Vorfeld auch noch ungeduldig wird, kann bereits recht früh mit Pflanzenverlusten rechnen.

Kosten für Chemie!

Kann man eigentlich vergessen, wenn die Steingarten-Anlage gut und durchdacht aufgebaut wurde. Gesunde Pflanzen in robuster Kultur sind sehr widerstandsfähig und werden nur selten von Schädlingen oder Krankheiten befallen.

Kontakt zu Gleichgesinnten

Sollte man sich einer Interessengemeinschaft oder einer Kakteen-Gesellschaft anschließen? Eigentlich ist der Kontakt zu Gleichgesinnten in einer Organisation die beste Möglichkeit, um Erfahrungen zu sammeln, günstig Stecklinge oder Pflanzen zu erwerben und um aus den Problemen anderer Kakteenfreunde lernen zu können. Adressen finden Sie auf Seite 137.

Typische Sammlung mit winterharten Kakteen im Steingarten und in einem Frühbeet

Winterharte Sukkulenten

S = Sonne, HS = Halbschatten

Wissenschaftlicher Name	Hauptblütezeit (Monate)	Lichtbedarf	Besondere Pflegeansprüche
Agave megalacantha	6–9	S	wenig Probleme
Agave parryi	6–9	S	wenig Probleme
Agave utahensis	6–9	S	wenig Probleme
Agave utah var. *kaibabensis*	6–9	S	wenig Probleme
Aloe aristata	6–7	S–HS	Regenschutz!
Austrocactus patagonicus	6–8	S	Regenschutz!
Austrocylindropuntia verschaffeltii	6–7	S	Regenschutz!
Chiastophyllum oppositifolium	6–7	S–HS	Regenschutz!
Grusonia bulbispina	6–8	S	Regenschutz!
Grusonia clavata	6–8	S	Regenschutz!
Crassula milfordae	6–8	S–HS	wenig Probleme
Crassula sarcocaulis	7–8	S–HS	Regenschutz!
Cylindropuntia imbricata	7–8	S	problemlos
Cylindropuntia whipplei	7–8	S	problemlos
Delosperma aberdeenense	6–8	S	problemlos
Delosperma brunnthaleri	6–8	S	problemlos
Delosperma congestum	6–7	S	problemlos
Delosperma cooperi	6–9	S	problemlos
Delosperma nubigenum	6–7	S	problemlos
Delosperma sutherlandii	6–8	S	problemlos
Echinocereus baileyi	6–7	S	wenig Probleme
Echinocereus caespitosus	6–7	S	wenig Probleme
Echinocereus coccineus	6–7	S	wenig Probleme
Echinocereus fendleri	6–7	S	wenig Probleme
Echinocereus engelmannii	6–7	S	wenig Probleme
Echinocereus mojavensis	6–7	S	wenig Probleme
Echinocereus reichenbachii	6–7	S	wenig Probleme
Echinocereus triglochidiatus	6–7	S	problemlos
Echinocereus viridiflorus	6–7	S	problemlos
Escobaria chlorantha	6–8	S	wenig Probleme
Escobaria chlorantha var. *neomexicana*	6–8	S	wenig Probleme
Escobaria chlorantha var. *aggregata*	6–8	S	wenig Probleme
Escobaria chlorantha var. *arizonica*	6–8	S	wenig Probleme
Escobaria chlorantha var. *deserti*	6–8	S	wenig Probleme
Escobaria missouriensis	6–8	S	problemlos
Escobaria missouriensis var. *caespitosa*	6–8	S	problemlos

Wissenschaftlicher Name	Hauptblütezeit (Monate)	Lichtbedarf	Besondere Pflegeansprüche
Escobaria missouriensis var. *robustior*	6–8	S	problemlos
Escobaria vivipara	6–8	S	problemlos
Escobaria sneedii	5–6	S	problemlos
Escobaria sneedii subsp. leei	5–7	S	wenig Probleme
Jovibarba, alle Arten	6–8	S	problemlos
Lewisia, alle Arten	4–9	S–HS	wenig Probleme
Maihuenia patagonica	6–8	S	wenig Probleme
Maihuenia poeppigii	6–8	S	problemlos
Opuntia austrina	6–7	s	wenig Probleme
Opuntia armata	6–7	S	wenig Probleme
Opuntia engelmannii	6–8	S	problemlos
Opuntia fragilis	6–7	S	problemlos
Opuntia grandis	6–7	S	problemlos
Opuntia howeyi	6–7	S	problemlos
Opuntia humifusa	6–7	S	problemlos
Opuntia hystricina	6–7	S	problemlos
Opuntia macrorhiza	6–7	S	problemlos
Opuntia occidentalis	7–8	S	problemlos
Opuntia phaeacantha mit Varietäten	6–8	S	problemlos
Opuntia polyacantha mit Varietäten	6–7	S	problemlos
Opuntia procumbens	7–8	S	problemlos
Opuntia rafinesquei	6–7	S	problemlos
Opuntia rhodantha	5–6	S	problemlos
Opuntia rutila	6–7	S	problemlos
Opuntia sphaerocarpa	6–7	S	problemlos
Opuntia tortispina	6–7	S	problemlos
Opuntia bensonii	6–7	S	wenig Probleme
Opuntia fragilis var. *brachyarthra*	6–7	S	problemlos
Opuntia ursina	6–7	S	wenig Probleme
Orostachys, alle Arten	6–7	S–HS	wenig Probleme
Pediocactus bradyi	6–8	S	Für Spezialisten!
Pediocactus bradyi var. *knowltonii*	6–8	S	Für Spezialisten!
Pediocactus peeblesianus	6–8	S	Für Spezialisten!
Pediocactus simpsonii	5–8	S	Für Spezialisten!
Pterocactus patagonicus	5–8	S	Für Spezialisten!
Pterocactus skottsbergii	5–8	S	Für Spezialisten!
Rhodiola, alle Arten	5–7	S–HS	wenig Probleme
Rosularia, alle Arten	6–7	S	wenig Probleme

Wissenschaftlicher Name	Hauptblütezeit (Monate)	Lichtbedarf	Besondere Pflegeansprüche
Sclerocactus parviflorus	7–8	S	Für Spezialisten!
Sclerocactus polyancistrus	7–8	S	Für Spezialisten!
Sclerocactus whipplei	7–8	S	Für Spezialisten!
Sedum acre	6–8	S–HS	problemlos
Sedum album	6–7	S–HS	problemlos
Sedum cauticola	7–9	S	problemlos
Sedum forsterianum	7–8	S	problemlos
Sedum kamtschaticum	7–9	S–HS	problemlos
Sedum palmeri	4–7	S	Regenschutz!
Sedum rubrotinctum	4–5	S	Regenschutz!
Sedum sieboldii	9	S	wenig Probleme
Sedum spathulifolium	6–7	S	problemlos
Sedum spectabile	9	S	problemlos
Sedum stahlii	4–5	S	Regenschutz!
Sedum tatarinowii	8	S	wenig Probleme
Sedum urvillei	7	S	wenig Probleme
Sempervivum, nahezu alle Arten	4–8	S	problemlos
Sempervivum altum	6–7	S	Regenschutz!
Sempervivum armenum	6–7	S	problemlos
Sempervivum dolomiticum	6–7	S	problemlos
Sempervivum iranicum	7–8	S	problemlos
Sempervivum transcaucasicum	6–7	S	problemlos
Sinocrassula yunnanensis	7–8	S–HS	wenig Probleme
Tephrocactus darwinii	7–8	S	Regenschutz!
Yucca baccata	7–9	S	problemlos
Yucca brevifolia	7–9	S	Regenschutz!
Yucca elata	7–9	S	wenig Probleme
Yucca filamentosa	7–9	S	problemlos
Yucca filamentosa 'Color Guard'	7–9	S	problemlos
Yucca flaccida	7–9	S	problemlos
Yucca glauca	7–8	S	problemlos
Yucca gloriosa	8–9	S	wenig Probleme
Yucca nana	7–8	S	Regenschutz!
Yucca rostrata	7–9	S	Regenschutz!
Yucca recurvifolia	5–7	S	wenig Probleme
Yucca thompsoniana	7–8	S	wenig Probleme

Glossar

Areolen: Mehr oder weniger wehrhafte Dornen-, Haar- oder Borstenpolster an vielen Kakteen. Gleichzeitig Endpunkte der Seitensprosse im Kakteenkörper. Aus den Areolen entspringen bei einigen Kakteen die Blüten und bei anderen können sich aus den Areolen auch Seitensprosse bilden.

Aride, halbaride Gebiete: Trockene, wüstenartige Gebiete mit einer durchschnittlichen Niederschlagsmenge von unter 200 mm pro Jahr. Die jährliche Verdunstung übertrifft die Höhe der jährlich fallenden Niederschläge erheblich. Derartige Verhältnisse sind für die Standorte vieler Kakteen charakteristisch.

Art: Grundeinheit der Systematik. Arten werden binär benannt und nach gemeinsamen Merkmalen eingeordnet – sie erhalten den großgeschriebenen Gattungsnamen und den kleingeschriebenen Artnamen.

Axillen: Vor allem bei Warzenkakteen *(Mammillaria, Escobaria* u. a.) die Vertiefungen zwischen den Warzen, aus denen oftmals die Blüten erscheinen.

Axillenwolle: Haar-, Woll- oder Borstenbildung zwischen den Warzen.

Beizen: Abtöten von Krankheits- und Fäulniserregern am Saatgut. Üblich sind entweder die Trocken- oder auch die Nassbeizung.

Bims: Leichtes, poröses Magmagestein, das ähnlich wie Lava ein sogenanntes Ergussgestein ist. Bims ist sehr leicht und luftig.

Biotop: Natürlicher Lebensraum einschließlich des notwendigen Klimas, den lebende Organismen, Gattungen oder Arten für ihre Existenz und zum Gedeihen benötigen.

Blähton: Im Allgemeinen wird Blähton aus Tonerde mit fein verteilten organischen Bestandteilen hergestellt. Die Tonerde wird fein gemahlen und bei etwa 1 200 °C zu aufgeblähten, kugelförmigen Tonkugeln gebrannt. Diese Tonkugeln werden einerseits in der Hydrokultur eingesetzt oder in gebrochener Form auch zur Herstellung von Kakteenerde verwendet. Gebrochene Blähtonkugeln sind im Gegensatz zu Lava relativ leicht und reagieren meist neutral.

Caudex: Darunter versteht man eine stark vergrößerte Basis eines Stammes oder einer Wurzel oder auch den Übergang von beiden bei sukkulenten Pflanzen. Der Caudex dient der Wasserspeicherung.

Cephalium: Schopfartige Borsten- oder Haarbildung in der Blühzone bestimmter Kakteen (z. B. *Melo-* und *Discocactus* oder *Buiningia*). Bei winterharten Kakteen nicht vorhanden!

Chlorophyll: Grüner Pflanzenfarbstoff, der in besonderen Farbstoffträgern, den Chloroplasten (chlorophylltragende Zellorgane), zu finden ist. Für eine funktionierende Fotosynthese ist das Vorhandensein von ausreichend Chlorophyll von ganz entscheidender Bedeutung. Pflanzen mit zu wenig oder gar ohne Chlorophyll (u. a. bei *Echinopsis chamaecereus, Gymnocalycium)* können nur durch Pfropfung auf Chlorophyllführende Unterlagen am Leben erhalten werden.

Chlorose: Als sogenannte Bleichsucht bezeichnet man das durch mangelnde Chlorophyllbildung entstehende Vergilben der Pflanze. Dies kann verschiedene Ursachen haben, z. B. auch durch Eisenmangel verursachte Gelbsucht von normalerweise grünen Pflanzenteilen.

CITES: Das Washingtoner Artenschutzübereinkommen (Convention on International Trade in Endangered Species of Wild Fauna and Flora) wurde 1973 in Washington gegründet. Dieses Übereinkommen über den internationalen Handel mit gefährdeten Arten von frei lebenden Tieren und Pflanzen soll den durch ausufernde Handelsinteressen bedrohten Bestand wild lebender Arten schützen und dient der Kontrolle und gegebenenfalls der wirkungsvollen Regulierung des Handels. Viele Kakteen und andere sukkulente Pflanzen sind darin aufgeführt, so z. B. *Pediocactus* und *Sclerocactus*.

Cristate: Kammform oder Verbänderung; bandartig verbreiterter Vegetationspunkt im Bereich des Sprosses. Spontane Erscheinung, keine Krankheit! Über die Ursachen der Cristat-Entstehung existieren noch keine endgültigen und gesicherten Beweise, nur eine Vielzahl von ungesicherten Hypothesen.

Ein seltener Cristat-Blütenstand einer in Asien weitverbreiteten *Sinocrassula yunnanensis*.

Cuticula: Spezielle Schutzschicht; mikroskopisch dünnes, ein- oder manchmal mehrschichtiges, wachsähnliches Häutchen auf den Oberhautzellen. Schützt vor Hitze, Trockenheit und Wasserverlust und kann auch die äußere Festigkeit des Pflanzenkörpers unterstützen.

Dichotomie, dichotomische Teilung: Der Wachstumskegel (Vegetationspunkt) teilt sich in zwei verschiedene Scheitel (Köpfe). Vor allem in der Gattung *Mammillaria* neigen einige ältere Arten dazu. Und jeder Scheitel kann sich wiederum erneut teilen.

Dornen: Unterschiedlich gestaltete, mitunter sehr harte Pflanzenteile, die durch Umwandlung von Blättern (Blattdornen), Sprossachsen (Sprossdornen) und gelegentlich auch Wurzeln (Wurzeldornen) entstanden sind. Im botanischen Sinne sind Dornen also umgewandelte Blätter. Die »Stacheln« der Kakteen sind also, botanisch gesehen, in Wirklichkeit Dornen.

Epidermis: Meist einschichtiges (seltener zwei- oder auch mehrschichtiges) Oberhautgewebe, das den Pflanzenkörper nach außen umschließt. Die Epidermis von Kakteen und anderen sukkulenten Pflanzen weist einen dicken, wachsähnlichen Überzug (Cuticula) auf.

Epiphyten: Nicht parasitisch lebende Pflanzen auf Bäumen und in Astgabeln (also nicht schmarotzend!). Sie halten sich mit Haftwurzeln an der Rinde fest und leben meist von den Verrottungsresten, die sich dort ergeben. Manche Epiphyten (z. B. *Seleni-* und auch *Hylocereus*) senden zusätzlich auch lange nährstoffsuchende Wurzeln bis in den Boden.

Fungizide: Substanzen zur gezielten Bekämpfung von Pilzerkrankungen.
Gattung: Eine meist mehrere Arten umfassende Artengruppe. Der Gattungsname wird stets groß geschrieben (z. B. *Opuntia*). Die Angehörigen einer Gattung stimmen nicht nur in einem Merkmal, sondern in einer Kombination mehrerer Merkmale überein, d. h., sie stellen eine stammesgeschichtliche Einheit dar.
Generative Vermehrung: Geschlechtliche Vermehrung durch Samen. Das geschlechtliche Erbgut der beiden Elternpflanzen wird neu kombiniert. Die Pflanze, die den Samen bildet, wird als Mutterpflanze bezeichnet und diejenige, die den Pollen liefert, nennt man Vaterpflanze. Die Nachkommen können sich deshalb von den Elternpflanzen und auch untereinander unterscheiden.
Glochiden: Winzige borstenartige Dornen, die mit mikroskopisch kleinen Widerhäkchen besetzt sind. Treten vor allem bei *Pereskia* und *Opuntia* auf. Sitzen in dichten Polstern auf *Opuntia microdasys*. Auch winterharte *Opuntia*-Arten besitzen teilweise recht unangenehm stechende Glochiden.
Habitus: Die Gestalt, das allgemeine äußere Erscheinungsbild einer Pflanze, also das Gesamtbild.
Hapaxanthe Pflanzen: Siehe unter Monokarpe Pflanzen.
Hybride: Kreuzungsprodukt aus zwei Pflanzen unterschiedlicher Art, auch als Bastard, Mischling, Varietät usw. bezeichnet. Im Allgemeinen gelingt es nur, einander nahestehende Arten zu kreuzen. Bei Kakteen sind jedoch auch sogenannte Gattungsbastarde bekannt. Man sollte bestrebt sein, möglichst artrein zu züchten. Andererseits haben gezielte Kreuzungen bei *Epiphyllum, Echinopsis, Trichocereus* usw. zu hervorragenden, farbenprächtig blühenden Hybriden geführt. Von vielen Sammlern begehrt! Hybriden können in der freien Natur auch ohne menschliche Manipulation entstehen, man bezeichnet diese als sogenannte Naturhybriden.
Insektizide: Substanzen zur gezielten Vernichtung von Schadinsekten. Sie sollten grundsätzlich nur nach umweltverträglichen Gesichtspunkten angewendet werden. Unüberlegter oder falscher Insektizideinsatz kann bei Schadinsekten zu einer gewissen Resistenz führen.
Kindel: Ableger, die sich von selbst an der Mutterpflanze bilden. Sie haben deshalb das gleiche Erbgut wie die Mutterpflanzen und werden gerne für die vegetative Vermehrung verwendet.
Kultivar: Eine in Kultur erzielte oder von einem Züchter ausgelesene, vom eigentlichen Typ optisch abweichende Form (Sorte).
Lava: Relativ schweres, poröses Magmagestein mit neutraler oder leicht basischer Reaktion. Wird gerne als Mischsubstrat bei Kakteenerden verwendet.
Leitbündel: Stränge aus Leitgewebe zwischen Pflanzenspross und Wurzel, die der Wasser- und Nährsalzzuführung sowie der Assimilatverteilung dienen. Das Leitbündel besteht aus einem Holz- oder Gefäßteil (Xylem) und einem Sieb- oder Bastteil (Phloem). Im Holzteil erfolgt die Leitung des Wassers, während das Siebteil organische Stoffe (Assimilate) leitet.
Mikroklima: Am Standort der jeweiligen Pflanze – also auf kleinstem Raum – herrschendes Klima.
Mimese, Mimikry: Einige Kakteen und andere sukkulente Pflanzen können sich ihrer ursprünglichen Umgebung in Form und Farbe ausge-

zeichnet anpassen. Mitunter nehmen sie sogar die Farbe des Bodens an, sodass sie kaum zu entdecken sind. Sehr ausgeprägt bei *Ariocarpus*-Arten!

Mitteldorn: Meist ein einzelner oder auch mehrere, zentral aus der Areole ragender Dorn, der sich deutlich von den Randdornen in Länge und Form unterscheiden kann.

Monokarpe Pflanzen: Diese Pflanzen blühen nur einmal und sterben nach der Blüte und der Samenbildung ab, z. B. *Agave, Sempervivum, Sinocrassula*.

Monstroser Wuchs: Anormaler, unregelmäßiger Wuchs, z. B. beim Felsenkaktus *Cereus peruvianus* var. *monstrosus*.

Morphologie: Lehre von der äußeren Gestalt, vom Bau und von den grundlegenden Bauplänen einer Pflanze bzw. von Organismen.

Ein besonders schönes und bizarr bedorntes Exemplar von *Pediocactus peeblesianus*.

Mutation: Spontane, sprunghafte, erbliche Änderung eines oder auch mehrerer Merkmale durch Veränderung des genetischen Materials. Kann im Rahmen von Mutationszüchtungen auch künstlich ausgelöst werden. Innerhalb von Kakteenaussaaten können mitunter Mutationen in Habitus und Bedornung auftreten. Vielfach begehrt bei Sammlern.

Nomenklatur: Seit Linné ist es üblich, Arten binär (Gattungs- und Artname) zu benennen (binäre Nomenklatur). Die Nomenklatur ist eine Teildisziplin der Taxonomie. Die wissenschaftliche Namensgebung bei Pflanzen und bei Tieren erfolgt nach exakt festgelegten Nomenklaturregeln.

Nomen nudum = n. n.: Ein Namen ohne gültige, dazugehörende Diagnose oder wissenschaftliche Beschreibung.

Ovarium: Unterster Teil der Kakteenblüte, der im Inneren die Samenanlagen enthält. Ovarium = Fruchtknoten, ein bei Kakteen durch Verwachsung von Fruchtblättern gebildeter Hohlraum für die Samenanlagen.

Perikarpell: Becherförmige, aus Sprossgewebe bestehende Umhüllung des Ovariums bei Kakteen. Perikarpell und Ovarium (Fruchtknoten) sind miteinander verwachsen.

Perlite: Wird bei über 1000 °C aus vulkanischem Gestein expandiert und dient als Zuschlagsmaterial für leichte, luftige Pflanzen- oder auch Sukkulentenerde. Perlite ist extrem leicht und porös und kann bis zu 50 % seines Volumens an Wasser aufnehmen und sorgt darüber hinaus für eine ausgezeichnete Durchlüftung des Substrates – ideal bei besonders empfindlichen Wurzeln.

Petalen: Innere Blütenhüllblätter einer Blüte (Kronblätter).

pH-Wert: Der pH-Wert 7 gilt als neutral. Werte zwischen 0 und 7 bedeuten eine saure und Werte zwischen 7 und 14 eine alkalische (basische) Reaktion. Der pH-Wert bezeichnet also den Säuregrad von flüssigen (z.B. Gießwasser) oder auch festen Substanzen (z.B. Substrate) gemessen. Zur Ermittlung des pH-Wertes bietet der Fachhandel Testsets an.
Photosynthese: Assimilation des Kohlendioxids aus der Luft mithilfe von Sonnenlicht und dem grünen Blattfarbstoff Chlorophyll. Im Laufe dieses Vorganges entstehen aus dem anorganischen Kohlendioxid und Wasser unter Ausnutzung der Sonnenenergie und der katalytischen Mitwirkung des Chlorophylls organische Stoffe, sogenannte Kohlenhydrate. Die Photosynthese bei Kakteen und anderen sukkulenten Pflanzen unterscheidet sich von anderen Pflanzen. Sukkulente Pflanzen halten ihre Spaltöffnungen am Tage trotz des zur Fotosynthese vorhandenen Sonnenlichtes meist geschlossen. Damit wird die bei starker Erwärmung beginnende Abgabe von Wasserdampf durch die Spaltöffnungen deutlich reduziert.
Phototropismus: Blüten, Blätter und Triebe neigen sich zum Licht, vor allem bei Pflanzen, die nur auf einer Fensterbank gepflegt werden. Diese Lichtwendigkeit ist auch deutlich bei *Notocactus leninghausii, Notocactus magnificus* u.a. zu beobachten. Bei solchen Pflanzen sollte man die Standrichtung zum Licht möglichst nicht verändern.
Physiologie: Wissenschaft von den Funktionen und Leistungen eines Organismus, seiner Zellen, des Gewebes und seiner Organe, also von den Lebensvorgängen innerhalb der Pflanze.
Pikieren: Verziehen oder Vereinzeln kleiner Sämlinge in Schalen oder auch in Töpfen.
Population: Kleinste systematische Einheit einer räumlich eng benachbarten Gruppe, die untereinander Erbmaterial austauscht. Beispiel: Pflanzen einer Art auf einer kleinen Bergkuppe.
Randdornen: Die um eine Areole stehenden Dornen, die sich in Gestalt, Form, Länge und Aussehen deutlich von den Mitteldornen unterscheiden.
Resistenz: Nichtanfälligkeit gegen Krankheiten, Parasiten sowie Schädigungen anderer Art. Bei Insekten: Widerstandsfähigkeit gegen gewisse, häufig angewandte Insektizide. Bei Unkräutern: gegen Herbizide. Eine Resistenz kann langsam oder auch spontan entstehen.
Rippen: Leistenartige, senkrecht oder auch leicht schräg verlaufende, vorspringende Verdickungen des Kakteenkörpers. Die Rippenbildung ist besonders eindrucksvoll bei *Echinocactus grusonii* zu beobachten, der als Sämling noch Warzen trägt, die später zu Rippen verschmelzen.
Sand: Unverfestigtes, natürlich vorkommendes Sedimentgestein mit unterschiedlichen Korngrößen. Der scharfe Flusssand (Quarzsand) ist als Zuschlagsmaterial für Kakteenerde sehr gut geeignet.
Selbstfertil: Pflanzen bilden mit ihrem eigenen Pollen Früchte und Samen aus. Das kommt nur bei wenigen Kakteen vor, z.B. *Lophophora williamsii, Epithelantha micromeris, Echinocactus grusonii*. Bei Arten der Gattung *Frailea* finden Bestäubung und Befruchtung häufig in der geschlossenen Blüte statt (Kleistogamie).
Selbststeril: Pflanzen bilden mit ihrem eigenen Pollen weder Früchte noch Samen aus. Die meisten Kakteen sind selbststeril.
Sepalen: Die äußeren Blütenhüllblätter, also die Kelchblätter.

Steckling: Vegetativer Sprossteil einer Pflanze, der nach dem Schnitt zur Bewurzelung verwendet wird. Als Kopfsteckling bezeichnet man die Triebspitze und als Stammsteckling ein Teil- oder Mittelstück eines Sprosses. Als Blattsteckling bezeichnet man ein Blatt (z. B. *Opuntia*) oder auch ein Blattteil, das sich zur Bewurzelung eignet.

Sukkulenten: Pflanzen, die in Blatt, Sprossachse und/oder Wurzel mitunter erhebliche Mengen Zellsäfte speichern können. *Succus* (lat.) = Saft. Man unterscheidet Blatt-, Stamm- oder Wurzelsukkulenten. Neben der Saftspeicherung zeigen Sukkulenten weitere typische Merkmale von Pflanzen, die trockene Standorte besiedeln (Xerophyten). Eine ausgewachsene *Carnegia gigantea* kann durchaus ca. 3000 Liter Wasser speichern.

Synonym: Abgekürzt: syn. Unter »syn.« versteht man einen anderen, jedoch ebenfalls gültigen Namen einer bestimmten Pflanze (z. B.: *Cylindropuntia imbricata* = *Opuntia imbricata*). Aktuelle Forschungen über verwandtschaftliche Beziehungen zwischen Pflanzen führen mitunter zu Umbenennungen von Arten und auch Gattungen. Obwohl die alten Bezeichnungen dann nicht mehr botanisch korrekt sind, werden sie oftmals noch lange weiterverwendet.

Die herrlichen Blüten von *Echinocereus reichenbachii*, wohl einer der interessantesten Kakteen.

Terminologie: Fachsprache, Lehre von den Fachausdrücken.

Varietät = var.: Varietäten unterscheiden sich nur gering von einer Art. Varietäten oder auch eine Abart bilden eine taxonomische Einheit innerhalb der Art.

Vegetationsperiode: Wachstumszeit einer Pflanze.

Vegetationsscheitel: Auch Vegetationspunkt oder Vegetationskegel genannt. Triebspitze oder Spitzenregion eines Pflanzenkörpers.

Vegetative Vermehrung: Ungeschlechtliche Vermehrung durch Seitensprosse, Ableger, Kindel, Teilung, Stecklinge, Warzen usw.

Verbrennungen: Können an allen Pflanzen (auch bei Kakteen) entstehen. Durch Luftstau unter Glas bei mangelhafter Lüftung und bei Pflanzen, die ungeschützt und ohne sie zunächst langsam einzugewöhnen in die erste heiße Frühlingssonne gestellt werden. Dadurch entstehen oftmals erhebliche Schäden an der Kakteenepidermis und dem Assimilationsgewebe.

Xerophyten: An extrem trockene Standorte angepasste Pflanzen, die durch ihren morphologisch-anatomischen Bau lange Trockenzeiten ertragen können, ohne ihre Lebensfunktionen einstellen zu müssen. Xerophyten müssen nicht immer sukkulente Pflanzen sein.

Xylem: Aus Tracheen, Tracheiden und Holzfasern bestehender Teil des Leitbündels, der die Leitung des Wassers übernimmt.

Adressen, die Ihnen weiterhelfen

Gute und zuverlässige Bezugsquellen für winterharte Kakteen und andere frostharte Sukkulenten als Begleitpflanzen werden oftmals als Vertrauenssache eingestuft. Einige Kakteengärtnereien haben sich aufgrund der großen Nachfrage in den vergangenen Jahren ein Sortiment an winterharten Kakteen zugelegt, aber nur wenige Kakteen- bzw. Sukkulenten-Gärtnereien haben sich darauf spezialisiert.
Mitunter kann man bei privaten Kakteenzüchtern ein erstaunlich großes und oft auch hervorragendes Angebot an interessanten und gesunden winterharten Kakteen und anderen frostfesten Sukkulenten finden.
Man sollte dort nicht einfach auf der Matte stehen, sondern rechtzeitig einen Termin vereinbaren, vor allem dann, wenn man mit den »Winterharten« noch keine ausreichende Erfahrung und deshalb erheblichen Beratungsbedarf hat.
Die nachstehende Liste mit Bezugsquellen für winterharte Kakteen und andere frostharte Sukkulenten erhebt keinerlei Anspruch auf absolute Vollständigkeit, zumal sich immer wieder mal eine Anschrift ändert, neue hinzukommen oder wieder andere keine Pflanzen mehr anbieten.
Wer eine spezielle Beratung sucht oder ganz besondere Wünsche zum Thema der »Winterharten« hat, kann sich auch gerne direkt an den Autor dieses Buches wenden. Aber bitte nicht gleich ungeduldig werden, wenn die Antwort etwas länger dauert, denn die Erhaltung und die Pflege der eigenen Sammlung erfordert sehr viel Zeit.

Spezialgärtnereien

Deutschland
Kakteen-Piltz
Monschauer Landstr. 162
52355 Düren
www.kakteen-piltz.de

Winter-Kaktus
Klaus Krätschmer
Raumgarten 3
55571 Odernheim
www.winter-kaktus.de

Gerhard Kliem
Westfeld 50
58730 Fröndenberg-Ardey
www.kakteen-kliem.de

Andreae-Kakteenkulturen
Michael Januschkowetz
64853 Otzberg-Lengfeld
www.kaktusmichel.de

Uhlig-Kakteen
Hegnacher Str. 31
71349 Kernen (Rommelshausen)
www.uhlig-kakteen.com

Hortus plantarum succulentarum
Postfach 5
72185 Empfingen

Winsura
Martin Haberer
Untere Wengertstr. 9
72622 Nürtingen
www.martinhaberer.de

Kakteengärtnerei Andreas Wessner
Hauptstr. 149
76457 Muggensturm
www.wessner-kakteen.de

Kakteenland Steinfeld
Wengelspfad
76889 Steinfeld/Pfalz
www.kakteenland.de

Kakteengärtnerei Albert Plapp
Drosselweg 7–9
84178 Jesendorf
www.kakteen-plapp.de

Kakteengärtnerei Max Schleipfer
Sedlweg 71
86356 Neusäß
Tel.: 0821/464450

Kakteen-Haage
Blumenstr. 68
99092 Erfurt
www.kakteen-hage.de

Österreich
Kakteen Bruckner
Garten Gasse 4
A-2601 Siedlung Maria Theresia
www.kakteenonline.at

Kakteengärtnerei Reppenhagen
Bahnhofstraße 39
A-9300 St. Veit/Glan
Tel.: 0043/42122078

Schweiz
Silvio Herzog
Schulstrasse 258
CH-5075 Hornussen
Tel.: 0041/ 062 871 27 61

Kakteen Gautschi
Wilstrasse 1
CH-5503 Schafisheim
www.kakteen.ch

Ralf Hillmann
Feldheimweg 4
CH-7206 Igis
Tel.: 0041/322 91 84

Kakteengesellschaften und -verbände

Deutsche Kakteen-Gesellschaft e.V., Geschäftsstelle, Bachstelzenweg 9, D-91325 Adelsdorf

Gesellschaft Österreichischer Kakteenfreunde, Buchenweg 9, A-4810 Gmunden

Schweizerische Kakteen-Gesellschaft, Eichstraße 29, CH-5432 Neuenhof

Washingtoner Artenschutz-Vollzugsbehörde/ CITES, Bundesamt für Naturschutz, Konstantinstr. 110, D-53179 Bonn

Literatur

Köhlein, Fritz: Freilandsukkulenten, Verlag Eugen Ulmer, 2005

Kümmel, Fritz/Klügling, Konrad: Winterharte Kakteen, Neumann Verlag, 1987

Götz, Erich/Gröner, Gerhard: Kakteen, Verlag Eugen Ulmer, 1996

Anderson, Edward F.: Das große Kakteen-Lexikon, Verlag Eugen Ulmer, 2005

Dopp, Holger: Kakteen, Verlag Eugen Ulmer, 1998

Dopp, Holger: Kakteen und andere Sukkulenten, Naturbuch Verlag, 1993

Dopp, Holger: Kakteen und andere Sukkulenten, Knaur, 2004

Dopp, Holger: Winterharte Kakteen, Augustus Verlag, 2000

Eggli, Urs: Sukkulenten, Verlag Eugen Ulmer, 1994

Eggli, Urs (Hrsg.): Sukkulentenlexikon Band 1: Einkeimblättrige Pflanzen, Verlag Eugen Ulmer, 2001

Eggli, Urs (Hrsg.): Sukkulentenlexikon Band 2: Zweikeimblättrige Pflanzen, Verlag Eugen Ulmer, 2003

Albers, Focke/Meve, Ulli (Hrsg.): Sukkulenten-lexikon Band 3: Asclepiadaceae, Verlag Eugen Ulmer, 2002

Eggli, Urs (Hrsg.) Sukkulentenlexikon Band 4: Crassulaceae, Verlag Eugen Ulmer, 2003

Fachzeitschriften

AVONIA, Journal der Fachgesellschaft andere Sukkulenten
www.fgas-sukkulenten.de

Der Staudengarten, Mitgliederzeitschrift d. Gesellsch. d. Staudenfreunde
www.gds-staudenfreunde.de

Kakteen und andere Sukkulenten, Zeitschrift der Deutsche-Kakteen-Gesellschaft e. V.
email: redaktion@dkg.eu

Semperpost, Hrsg.: Horst-D. Röhr, 22872 Wedel
email: horst.roehr@web.de

Und wenn Sie gar nicht weiterkommen …

… so versuche ich, Ihnen zu helfen. Schreiben Sie kurz und sachlich, wie ich Ihnen helfen kann oder zu welchem Thema Sie unbedingt Informationen oder bestimmte Auskünfte wünschen. Falls Sie Besichtigungswünsche haben oder ganz bestimmte Anschriften suchen, die in diesem Buch nicht zu finden sind, weil einige Kakteensammler die Veröffentlichung ihrer Anschrift ablehnen, dann versuche ich Ihnen zu helfen so gut ich kann.

Da aber jeder Kontakt, jedes Telefonat, jeder Brief und jede Fotokopie mit Zeitaufwand und Kosten verbunden ist, erlaube ich mir, für die Beantwortung Ihrer Fragen gegebenenfalls eine angemessene Aufwandsentschädigung zu erheben. Und bitte lassen Sie mir etwas Zeit zur Bearbeitung und für meine Antwort! Senden Sie Ihre schriftliche Anfrage per Brief bitte an Holger Dopp, D-72186 Empfingen. Ich beantworte keine E-Mails und keine telefonischen Anfragen!

Stichwortverzeichnis

Ziffern mit * verweisen auf Abbildungen

Über den Autor

Der gebürtige Mainzer **Holger Dopp** beschäftigt sich seit mehr als 55 Jahren intensiv mit der Pflege und Zucht von Kakteen und anderen sukkulenten Pflanzen. Nach kurzem Biologiestudium wechselte er auf Geschichte, Betriebs- und Volkswirtschaft, aber die Kakteen begleiteten ihn stets. Holger Dopp unterhält mittlerweile vier Gewächshäuser, größere Freilandanlagen und den Kakteengarten in Horb. Er ist bekannt durch seine zahlreichen Kakteenbücher und seine regelmäßigen Rundfunk- und Fernseh-Auftritte als Kakteen-Experte beim SWR.

Impressum

Bibliografische Information der Deutschen Nationalbibliothek
Die Deutsche Nationalbibliothek verzeichnet diese Publikation in der Deutschen Nationalbibliografie; detaillierte bibliografische Daten sind im Internet über http://dnb.d-nb.de abrufbar.

BLV Buchverlag GmbH & Co. KG
80797 München

Bildnachweis:
Sämtliche Abbildungen stammen vom Autor

Grafiken: Heidi Janiček

Lektorat: Dr. Thomas Hagen
Redaktion: Redaktionsbüro Wolfgang Funke, Augsburg
Herstellung: Angelika Tröger
Satz und Layout: Uhl + Massopust, Aalen

Printed in Germany
ISBN 978-3-8354-0815-9

Hinweis
Das vorliegende Buch wurde sorgfältig erarbeitet. Dennoch erfolgen alle Angaben ohne Gewähr. Weder Autor noch Verlag können für eventuelle Nachteile oder Schäden, die aus den im Buch vorgestellten Informationen resultieren, eine Haftung übernehmen.